话说石油
Petroleum Stories

点石成金

石油变身的魔法

编委会主任　焦方正

徐春明　孟祥海　刘植昌　等编著

图书在版编目（CIP）数据

点石成金：石油变身的魔法 / 徐春明等编著 .
北京：石油工业出版社，2024.10. --（话说石油）.
ISBN 978-7-5183-7046-7

Ⅰ . TE62-49

中国国家版本馆 CIP 数据核字第 20245GR134 号

出版发行：石油工业出版社
（北京安定门外安华里 2 区 1 号　100011）
网　址：www.petropub.com
编辑部：（010）64523825　　图书营销中心：（010）64523633
经　　销：全国新华书店
印　　刷：北京中石油彩色印刷有限责任公司

2024 年 10 月第 1 版　2024 年 12 月第 2 次印刷
710 × 1000 毫米　开本：1/16　印张：12.75
字数：170 千字

定价：60.00 元
（如出现印装质量问题，我社图书营销中心负责调换）

丛书编委会

编写组

组　　长：徐春明

副组长：孟祥海　刘植昌

成　　员：（按姓氏笔画排序）

王磊超　邓开鑫　白一彤　邢梦可　李林峰　李瑞丽

张　奇　张　超　张　睿　郑　涛　赵飞龙　段学艺

徐伟杰　韩忠奥

序

创新是引领发展的第一动力。2016 年，习近平总书记提出创新发展的“两翼理论”，把科学普及放在与科技创新同等重要的位置，希望广大科技工作者以提高全民科学素养为己任，“在全社会推动形成讲科学、爱科学、学科学、用科学的良好氛围，使蕴藏在亿万人民中间的创新智慧充分释放、创新力量充分涌流”。

新时代新场景，做好科学普及、讲好科技创新故事、提高公民科学素质、厚植科学文化，既是建设世界科技强国的迫切需要，也是科学家、企业、社会组织等各界力量义不容辞的社会责任和历史使命。

历史波澜壮阔，油气熠熠生辉！人类利用石油已有逾千年的历史。美国人哈维·奥康诺所著《世界石油危机》中写道：“德雷克在宾夕法尼亚西部钻掘而开创近代石油工业，近 2000 年前，聪明的中国人就已经在四川和陕西开掘了深达 3500 英尺的深井。”班固（公元 32—92 年）在《汉书·地理志》中记载：“高奴，有洧水，可爇。”

千年卓筒井，钻井活化石！四川大英卓筒井，被称为“世界石油钻井之父”。中华第一矿，梦溪续华章！1905 年，延一井出油，中国现代陆上第一口油井诞生。大地沉睡亿万年，松基三井破云天！1959 年，大庆油田横空出世。“五朵金花”次第开，中国炼油奠强基！1965 年，中国石油产品实现了当时供给水平上的全部自给。春江潮水连海平，海上明月共潮生！2010 年，“海上大庆”建成，半世纪美梦成真。磨刀石上闹革命，低渗透中铸丰碑！2013 年，“西部大庆”建成，实现油气当量年产 5000 万吨。千万吨炼油百万吨乙烯，炼化一体化闪耀绽神州！2022 年，中国成为世界第一大炼油国、第一大乙烯生产国。2023 年，中国原油产量达 2.08 亿吨，世界排名第六；天然气产量达 2300 亿立方米，世界排名第四，全面跨入产油气大国。

讲好中国石油科技创新故事，是贯彻落实习近平总书记重要指示批示精神的具体举措。回望过往，我国石油工业发展史是一部艰苦奋斗史，也是一部石油精神、大庆精神铁人精神传承史，更是一部科技创新史。《话说石油》是一套大型石油科普史话丛书，通过讲好石油科技创新故事、弘扬石油精神和石油科学家精神，突出体现科技创新对石油工业发展的重大推进作用。丛书分为《“石化”实说——你已经离不开石油》《“油”来已久——漫话石油历史》《“油”然而生——脑海里的石油梦》《石破天惊——世界特大油气发现》《地宫掘金——唤醒地下沉睡的黑金》《利器在握——石油工程技术精粹》《人间奇迹——油气超级工程》《蓝海探宝——大闹龙宫夺油气》《点石成金——石油变身的魔法》《源源不断——能源秀场出新秀》十个分册，选取有代表性的人物和事件，用讲故事的方式，以图文 + 音视频的形式展现石油科技历史，让社会公众在故事中了解石油、认知石油，从而热爱石油、传播石油知识、弘扬石油文化。

《话说石油》是一部壮丽的石油科技历史画卷。一部艰难创业史，几多科技新篇章。宁肯心血熬干，也要高产稳产，寄托科技梦想；无畏早生华发，引得油气欢唱，奏响盛世华章。《话说石油》也是一曲弘扬科学家精神的历史壮歌。以生动感人的石油科学家创新故事，诠释胸怀祖国、服务人民的爱国精神，勇攀高峰、敢为人先的创新精神，追求真理、严谨治学的求实精神，淡泊名利、潜心研究的奉献精神，集智攻关、团结协作的协同精神，甘为人梯、奖掖后学的育人精神。《话说石油》也是一部石油知识的百科全书。以故事为媒介，系统性地为社会大众提供全方位的石油知识，传承石油工业进步的智慧与力量，拓展知识视野和学习资源，促进石油工业多学科间的交叉与融合，为提高全民科学素养奠定坚实基础。《话说石油》更是一部多媒体全书。通过图书、动漫、视频、音频全媒体形式，以故事叙述为主线，围绕石油的某个主题领域讲科技、讲事件、讲热点，着重体现石油科技与人文的结合、与生产的结合、与社会生活的结合，其中，动漫、视频、音频既作为图书的富媒体，也独立成集，形式丰富，内容系统全面，形象、生动、直观、趣味横生、引人入胜。

掩卷沉思，精品难得！《话说石油》饱含石油院士和百余名专家学者的心血、智慧，凝结专业编辑团队的辛劳汗水。攀高山之巅，涉江河之源，方知高山之峻，江河之奇！希望广大读者，从中启迪心智、增加知识、开阔眼界、追溯历史、面向未来。我相信，本套丛书一定会为传播石油知识、弘扬石油精神贡献力量，发挥作用。

中国科学院资深院士（102岁）李德生

2024年10月17日

分册前言

为了贯彻落实习近平总书记关于科普工作的重要指示批示精神，2022年，中共中央办公厅、国务院办公厅印发《关于新时代进一步加强科学技术普及工作的意见》，明确提出：企业要积极开展科普活动，加大科普投入，把科普作为履行社会责任的重要内容。中国石油党组明确要求，要打造"科普中国石油"品牌，把科研成果和科技知识转化为深入浅出、通俗易懂的科普作品，讲好石油故事，普及石油知识，不断扩大社会影响和传播范围。为此，中国石油牵头组织石油行业相关领域院士专家，编写出版一套集图书、动漫、视频、音频为一体的科普史话系列丛书《话说石油》。这是中央企业积极开展科普活动，履行社会责任的生动实践，也是普及科技知识、弘扬科学精神、传播科学思想、倡导科学方法的创新活动。

《话说石油》共十个分册，《点石成金——石油变身的魔法》是其中的第九个分册。石油被誉为"黑色的金子"与"工业的血液"。石油通过炼制不仅能得到汽油、柴油、航空煤油、燃料油、液化石油气等燃料，还能获得润滑油、溶剂油、石油蜡、石油沥青、石油焦等产品，以及乙烯、丙烯、丁二烯、苯、甲苯、二甲苯等基本有机化工原料。石油炼制过程生产的化工原料可进一步加工为合成树脂、合成纤维、合成橡胶以及精细化工产品等。上述石油产品与人们的生产生活息息相关。

近100多年来，人类对石油的研究和使用从未间断，新的石油技术不断突破，新的产品不断出现，产品质量不断提升。在石油炼制的历史上发生了哪些有趣的故事？石油是如何炼制成各种各样的产品的？这些石油产品有着怎样的特性和用途？类似的问题还有很多。本书以讲故事的形式介绍石油炼制的发展历史，带领读者了解石油炼制的工艺技术，知晓石油产品的主要用途，领略石油炼制相关的名人轶事。

本书由徐春明院士、孟祥海教授、刘植昌教授与中国石油大学（北京）从事石油炼制相关工作的师生撰写。其中，“魔法初现——石油炼制史上的几件大事”由徐春明院士、孟祥海教授、李林峰、赵飞龙、王磊超、张奇、邢梦可、徐伟杰撰写；“移形换影——催化加工让石油变身更高效”由孟祥海教授与李林峰、张奇撰写；“日新月异——燃料的变迁与发展”由刘植昌教授与徐伟杰、邢梦可撰写；“变幻无穷——非燃料油品的多彩蜕变”由张睿副教授和赵飞龙撰写；“变身重器——盘点炼油业的关键装备与大型装置”由郑涛博士后与王磊超、徐伟杰、李林峰撰写；“炼‘金’有术——中国炼油工业院士风采”由徐春明院士与张奇、李林峰、赵飞龙撰写。李瑞丽副教授、张超、白一彤、段学艺、韩忠奥和邓开鑫对书稿进行了校核。

限于编著者水平，书中难免存在不妥之处，敬请广大读者批评指正。

目录

石油，在现代社会中扮演着至关重要的角色。它不仅是能源的主要来源，更是推动全球经济发展的核心动力。石油炼制工业的发展伴随着一个个鲜为人知的故事。

移形换影——催化加工让石油变身更高效 ·43

在炼油过程中，催化剂就像是一个聪明的“中间人”或者“加速者”，推进工艺技术的进步。催化剂和工艺技术创新的背后，都隐藏着炼油科学家艰辛奋进的研发历程与开拓前行的创新精神。

日新月异——燃料的变迁与发展 ·71

随着石油和天然气的发现和开采，它们逐渐取代了煤炭在能源消费中的主导地位。油气燃料为人们日常出行、工业进步和国防安全提供了源源不断的动力，燃料不断发展，质量越来越好，燃烧也更加高效环保。

石油不仅是燃料的象征，它还孕育出润滑油、沥青、石油焦、白油、石蜡、凡士林等非燃料油品，深刻影响着我们的生产生活。不要小瞧这些非燃料油品，它们在人们美丽守护、工业润滑、道路交通、新能源等领域发挥着重要作用。

魔法初现

石油炼制史上的几件大事

从煤油的发现到现代石油工业的奠基、发展、繁荣，从简单的蒸馏到各种各样的炼油工艺，从小小的蒸馏釜到炼厂“钢铁森林”，石油炼制的魔法一直在花样翻新。2023 年，全球炼油总能力已升至 51.68 亿吨 / 年。尽管我国的石油炼制工业起步晚于西方国家，但我国炼油人从不甘于人后，从延长石油厂炼油房的艰辛建立到七大炼化基地“多点开花”，始终砥砺前行，石油炼制工业的发展见证了我国的进步，也是我国人民艰苦奋斗的缩影。

Petroleum

世界上第一套原油蒸馏釜诞生

19 世纪 40 年代的一天，在俄国首都圣彼得堡的一次交易会上，熙熙攘攘的人群穿梭来往，各种货物陈列得井井有条。一眼望去，最引人注目的当属布置得灯火通明的灯油展区，几位身着专业服装的工作人员忙碌地接待着前来咨询的广大客户。

>>> 油灯（引自《石油的故事》）

那时电灯还没有普及，油灯是夜间照明的必备品。人们最早使用动物油和植物油作为灯油来燃烧照明，但是这些油品燃烧会散发出较浓的烟雾和难闻的气味。后来，人们发现了一种优质的替代品——鲸鱼油解决了这个问题。但随着时间的流逝，鲸鱼遭到大量捕杀，鲸鱼油价格急剧上涨，普通人已经无力购买。

>>> 捕鲸场景（引自《石油的故事》）

这次展会的灯油展台上摆放着各式各样的产品，展台周围聚集着众多观展者。他们或是眉头紧锁地听取工作人员的介绍，或是认真地端详着展台上的每一种新型产品，不时传来一阵阵议论声和赞叹声，赞赏着新型灯油的突出特点和质量优势。人们对于灯油产品的关注度可见一斑。交易会上这款火爆售卖的无色灯油到底是什么物质呢？

时间回溯到 1823 年，在俄罗斯的弗拉基米尔省生活着杜比宁和他的两位兄弟，他们经营着一座煤矿和一家盐厂。盐井中有时会渗出一些黑色黏稠的油，他们起初一直把这些黑油当作讨厌的副产品扔到河里。

实际上这些黑油就是石油。一次偶然的机会，杜比宁三兄弟听说这些讨厌的黑油能够被点燃，作为企业家的三兄弟嗅到了其中可能存在的商机，就想到是不是能够拿来用作灯油呢，于是他们把这些黑油收集起来，开展了一些燃烧试验。但是他们很快便发现：这些黑油虽然能够被点燃，但是会产生大量的黑烟和难闻的气味，且照明效果不佳。他们猜测，黑烟和臭味可能是由于油中含有的一些杂质产生的，如果想办法把这些黏稠的黑油变得清澈干净一些，或许能够改善这些问题。聪明的三兄弟经过一阵“头脑风暴”，想到了蒸馏的办法。

经过一系列设计和改进，兄弟三人建造了一台蒸馏装置。他们首先用砖堆砌了一座炉子，上面放着一个大蒸馏釜。釜上盖着一个巨大的铜盖，上面有一根铜管，从釜里穿过盖子一直延伸到一个盛满水的木桶中，最后又连接到一个容器里。当原油在釜中被加热时，它开始变成蒸

知识链接

发明煤油的亚伯拉罕·格斯纳

据《美国石油工业史》记述，最早从煤炭里炼制出灯用煤油的是加拿大地质家亚伯拉罕·格斯纳（Abraham Gesner）博士。亚伯拉罕·格斯纳于 1852 年研发的将煤和石油变成照明燃料的工艺获得了美国专利，其专利权是用煤炭和石油生产“Kerosene”。Kerosene 是希腊文中蜡“wax”与油“oil”的复合，中文译为“煤油”。

气，通过铜管冷却后液化，然后流入容器中。通过这样的神奇过程，40 小桶黑油变成了 16 小桶清澈的灯油产品（学名为煤油），而釜里还剩下大约 20 桶的残余石油，另有 4 小桶油由于蒸发不见了。就这样，世界上第一套原油蒸馏装置诞生了，由此开启了 200 年的世界石油炼制史。

由于种种原因，杜比宁三兄弟的装置一直没有扩大规模。好酒也怕巷子深，他们生产的灯油产品早期没能被大众熟知。直到十多年后的 1837 年，一位名为十维佐夫的人，几经周折把杜比宁三兄弟生产的 16 吨煤油运到了圣彼得堡，这才使得这种物美价廉的产品逐渐走向大众视野，受到人们一致好评。

【延伸阅读】

炼油业的创始人——萨缪尔 · M. 基尔

美国人称萨缪尔 · M. 基尔（Samu M. Kier）是炼油业的创始人，因为他不仅成功地应用了蒸馏的原理加工原油，生产出石油产品，而且制造出商业化生产的第一只蒸馏釜。基尔本是匹兹堡卖药的商人。他不仅拥有煤矿和铸铁工厂，还是匹兹堡 - 费城航运公司的发起人之一。多年来，他经营着宾夕法尼亚塔兰屯附近阿列汉尼河边的盐井。有些盐井渗出原油来。盐场主把它当作讨厌的副产品扔在河里，让行船的人很讨厌。基尔把它们收集起来，装在玻璃瓶里当药卖。品名“石油（petroleum）”或“岩石油（rock oil）”。

基尔弄了一些原油样品，送到费城的詹姆斯 · 布斯（James Booth）教授（他是美国化学学会的主席）那里去，请他做分析，为塔兰屯的原油找出路。布思在实验室里做了实验，确认原油通过蒸馏，可以加工出很好的照明用油，并且给基尔画了蒸馏釜的草图。因此，布斯也被认为是石油业界第一位化学家。

基尔按照布斯的草图，制造出美国第一只蒸馏釜，直径 110.5 厘米，高 142.2 厘米，容量 0.8 立方米。釜内盛塔兰屯原油，釜下烧煤炭。釜里产生的油蒸气通过小管子进入盛水桶，冷凝为浅黄色的煤油。1850 年，基尔在匹兹堡第七大街上开始出售灯用煤油，称为“碳油（carbon oil）”，卖价每加仑 1.5 美元。这种油点燃起来很亮，但是有一股难闻的味道。

煤油因其具有价格适中、燃烧充分、亮度大、味道小的特点，迅速受到了消费者的喜爱，原油蒸馏的方法逐渐被人熟知。人们找到了比鲸鱼油更加物美价廉的灯油替代品，这便有了故事开头那一幕。人们在使用煤油的同时，还发明了半封闭、可以方便搬动的煤油灯。从此，煤油使用、石油炼制进入了璀璨发展的时期，世界各地的炼油厂如雨后春笋般一个接一个地建成了。

蒸馏釜是石油炼制“魔法”的第一“法器”，它出现不久就展现出了强大的“魔力”。1861 年，在俄国的巴库就以这种技术为基础，建立了当时世界上最大的一座炼油厂，当年产出的石油产品产量达到了世界总量的 90%。而后，美国的石油产品产量很快就赶超了俄国。在大规模生产煤油之前，一加仑（约 4 升）的鲸鱼油价格高达 1.77 美元，而同等量的煤油价格仅为 0.07 美元。随着煤油的大量采用，鲸鱼油价格跌至每加仑 0.40 美元，并逐渐被淘汰，捕鲸业开始衰落，石油开采和炼制行业迎来了大发展。

让汽油产量大增的热裂化装置

1927 年，时任美国标准石油公司总裁的威廉·梅里亚姆·伯顿，迎来了他的退休仪式。在华丽的宴会厅内，灯光柔和而温暖，映照出退休仪式上庄重而温馨的氛围。站在舞台中央的是即将告别职业生涯的伯顿，他身着一套深蓝色的西装，领带上的金色图案在灯光下熠熠生辉，彰显着他多年来的威严与尊贵。

>>>威廉·梅里亚姆·伯顿

伯顿出生于美国的知识分子家庭，年轻时的伯顿深受父母影响，从小就对科学技术和知识有着浓厚的兴趣。伯顿于 1886 年在凯斯西储大学获得理学学士学位，1889 年在约翰斯·霍普金斯大学获得博士学位，毕业后便任职于美国标准石油公司。伯顿在任期间务实肯干、大胆创新，为公司的发展立下了汗马功劳，更为石油工业的繁荣做出了贡献。

19 世纪末 20 世纪初，汽车开始被大规模生产和广泛应用，汽车的“食物”——汽油，取代煤油成为最主要的石油产品。作为石油行业的巨头之一，美国标准石油公司当然要抓住机遇，研发相关技术，大力生产汽油产品。伯顿便是当时的项目负责人。

石油的主要成分是烃，即碳氢化合物，由碳原子连接成链状或环状的骨架。那时，人们已经认识到，含有 5~10 个碳原子且沸点在 200℃以下的石油馏分称为汽油，而往上分别是含有 9~16 个碳原子的煤油，以及含有 11~20 个碳原子的柴油，并且已经掌握了石油蒸馏技术，能够将这些不同碳原子数的物质彼此分开。但是人们发现，石油中的汽油含量较低，便开始思考一个问题：如何从石油中炼制更多的汽油呢？即如何将含 11 个碳原子以上的油品转变为含 5~11 个碳原子的汽油，研发团队想到了加热分解的方法。于是，在伯顿的带领下，他们通过实验证明，将温度加热到 450℃以上，可以使大分子的油品发生裂化反应生成汽油。可是，如何将实验室的小规模实验转化为工业中的大规模生产，仍是一个棘手的问题。

在当时，人们尚未掌握焊接技术，用钢板制造蒸馏釜装置的圆筒只能采用铆接，这种方式较不稳定，在高温条件下的大型装置容易发生安全事故。但伯顿坚持不懈，坚信没有克服不了的技术难关，通过两年多的努力，解决了一个个工艺及设备难题，于 1910 年底研发出了一套能够在高温下安全可靠生产汽油的装置。随后，在伯顿的主导下，美国标准石油公司成功建成了世界上第一座半工业化的热裂化装置，其蒸馏釜直径 8 英尺（约 2.44 米），高 10 英尺（约 3.05 米），每天处理原油量达 150 桶（约 20 吨），使汽油产量提高了一倍多。1913 年，公司获得了热裂化工艺的专利权，随即决定投资 100 万美元，在惠廷炼油厂建造 120 台热裂化装置。

在第一批伯顿热裂化装置正在建设的时候，一些人已经在想办法加以改进了，其中最重要的是克拉克管式炉的发明。埃德加·克拉克（Edgar M.Clark）没有上过大学，但是他富于创造精神，具有智慧的头脑，朝气蓬勃。他在 1890 年进入印第安纳石油公司，在惠廷炼油

知识链接

热裂化

石油炼制过程之一，是在热的作用下使重质石油馏分发生裂化反应，转变为较小分子的裂化气、汽油、柴油的过程。

厂当普通实验员，后来成为伯顿的实验助手，1907 年成为正在建设中的伍德河炼油厂的经理。

克拉克最具创造性的发明是从卧式蒸汽锅炉想到可以把锅形热裂化裂解炉做成管式的。1914 年 12 月 1 日，这项发明获得了专利权。伯顿把它纳入了热裂化的设计。1914 年，在伍德河炼油厂建立了第一套热裂化管式裂解炉，处理量几乎可以增加一倍，而且更加安全。

伯顿由于其自身的巨大贡献，几年内快速升任经理、副总裁、总裁。鉴于热裂化工艺展示出的巨大优越性，许多新装置在全球各地陆续建成投产。热裂化技术推动了石油炼制产业不断向前迈进，为汽油的大规模生产奠定了基础。而在这一过程中，伯顿可谓功不可没。

催化裂化的“魔力”

伯顿的热裂化工艺激起了连锁反应，各大石油公司纷纷效仿建立裂化装置，并开展研究试验，寻求新的技术突破。此时，一项新的技术应运而生，那就是催化裂化工艺。这项技术的诞生也标志着炼油工业取得了重要突破。

知识链接

催化裂化

催化裂化，就是在催化剂和高温共同作用下进行的裂化反应，同热裂化相比，汽油和柴油的产率更高，且汽油的质量更好。直到现在，催化裂化仍然是炼油厂的重要加工工艺。

催化裂化工艺的发明人是法国工程师兼工业家尤金·胡德利。胡德利出生在法国的多蒙特，长大后在巴黎的艺术与职业学院攻读机械工程，毕业后在父亲的钢铁制造公司工作；后来参军并在第一次世界大战中成为法国坦克师团的中尉军官。战后，他专心于催化技术的研究，想方设法改进汽油的生产工艺。

>>> 尤金·胡德利

当时，人们已经认识到催化剂对于化学反应的重要作用，即有些催化剂会让化学反应发生得更快，效率更高。胡德利的想法也很简单，既然催化剂能够加快反应，那么能不能找到一种加速热裂化反应的催化剂呢？

1922年，一位法国同事向胡德利介绍了一种催化装置，可以把低级褐煤转化为汽油。这使胡德利受到启发，发明了一种方法，对重质原料油进行催化裂化，同以往加热蒸馏方法相比，从每一桶原油中可以得到多出一倍多的汽油。当时，世界石油工业的中心在美国。美国生产着全世界一半多的石油。美国才是他的英雄用武之地。1930年，胡德利移居美国。他的新工艺研究开发得到真空（Vacumm）石油公司（今莫比尔公司的前身之一）和太阳（Sun）石油公司的大力资助。经过多年探索，他终于找到一种硅酸铝作催化剂，解决了催化裂化的关键问题。1936年6月，第一座半商业化的催化裂化装置在真空石油公司帕尔斯伯罗炼油厂建成。9个月后，第一座商业化装置（处理能力1.2万桶/日）在太阳石油公司的马尔库斯霍克炼油厂建成投产。

1939年，第二次世界大战爆发，胡德利的祖国面临德国法西斯的侵略。胡德利毅然回到法国去帮助法国的炼油厂应用催化裂化新工艺，以生产高辛烷值航空汽油。

胡德利和他的同事们对于催化裂化技术的研究并没有就此止步。在他们手下，第一代的固定床催化裂化技术不久就被新的移动床催化裂化技术所取代，1941年1月建成了第一座半商业化装置；1943年10月，首批两套工业化装置（10000桶/日）投入生产。

催化裂化技术的诞生引发了世界上大型炼油公司的兴趣。到1942年，法国、美国和英国90%以上的航空汽油，都是用催化裂化工艺生产出来的。第二次世界大战期间，美国共有12座催化裂化装置，年总处理量达660万吨。

虽然催化裂化技术经过更新迭代，但胡德利确定的反应原理始终未变，时至今日，仍然是生产车用汽油的重要手段。

点燃希望之火的延长炼油房

延长石油官矿局炼油房出现在风雨飘摇的晚清时代。它的诞生之路荆棘遍布，却毅然点燃了我国石油炼制的希望之火，开启了一段波澜壮阔的能源传奇。

>>> 延长石油厂炼油房场景

割地赔款的慈禧太后还做过一件天大的好事！

“什么？洋人占我港口，逼我赔款还不够？现在又要霸占我们的油田！”慈禧的嘶吼声紧随着手中玉如意碎裂的声音回荡在偌大的宫殿，大臣们都知道这位老佛爷的脾气，一时间都默不作声，生怕惹祸上身。

慈禧看向刚刚汇报此事的陕西巡抚升允。这位封疆大吏只得强装镇定，继续向老佛爷讲述事情的来龙去脉。

20 世纪初，在接连签署了《马关条约》等一系列割地赔款的不平等条约之后，洋人的胃口却越来越大，又瞄上了我国丰富的矿藏资源。

德国世昌洋行根据《梦溪笔谈》中“鄜、延[1]境内有石油，旧说‘高奴县出脂水’，即此也”的记录，私底下派出人员在陕西延长地区发现了石油。紧接着，世昌洋行委派陕西大荔县人于彦彪与延长县的乡绅刘德馨、郑明德等人私立合同，企图借此霸占延长的石油资源。

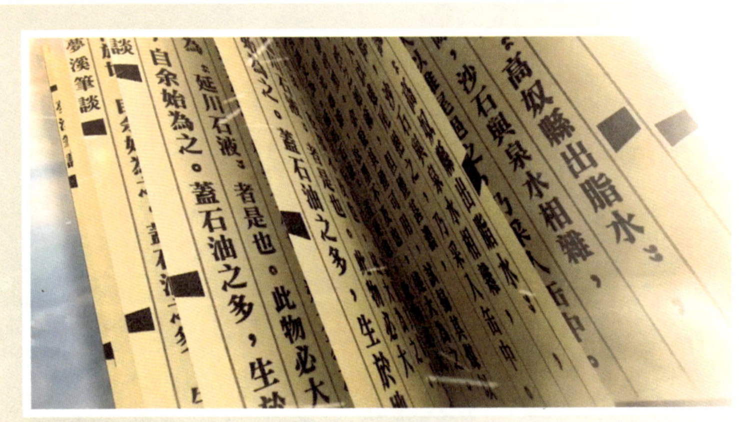

>>>《梦溪笔谈》

知识链接

“石油”一词最早出现于《梦溪笔谈》

《梦溪笔谈》是北宋科学家、政治家沈括所著的一部综合性笔记体著作，被誉为“中国科学史上的里程碑”。该书大约成书于 11 世纪末至 12 世纪初，涵盖了天文、数学、物理、化学、生物、地理、医药、工程技术、历史、文学、艺术等多个领域的知识。在该书中，首次使用了“石油”这个名词，并记载了石油的性能以及用途。

[1] 即鄜、延二州，今陕西延安一带。

由于涉及外国人，升允对是否进行开采石油一事难以决断。经过深思熟虑，他决定进京上书，请求慈禧作出决断。待升允汇报完毕后，怒火中烧的慈禧不等众位大臣讨论，便表明不能再让洋人得寸进尺了，吩咐升允一定要想尽一切办法阻止洋人开采延长地区的石油，同时还要尽快成立大清的油矿与炼油房。

得到慈禧旨意以后，升允当下就否决了于彦彪与世昌洋行办理延长油矿的合同，并表明陕西政府已经自筹白银一万两准备着手承办油矿和炼油房，还放出消息称已经派遣人员去往日本学习石油炼制技术以及购买设备，让世昌洋行趁早断了争夺的野心。

但是，世昌洋行不肯就此罢休，妄想借助德国驻华公使穆默对大清施压。穆默称是德国人率先发现了油矿，理应拥有油矿的开采权，并用私立的合同作为他们拥有对延长地区石油的开采权的证明，甚至想以金钱诱惑使外务部和升允同意他们承办延长油矿。升允与外务大臣奕劻不为所动，坚持要自办油矿，多次坚决驳斥他们的无理要求，最终，他拍板决定由陕西省筹款自办延长油矿，并警告世昌洋行不得再有非分之想。由此德国争夺我国陆上第一座油矿事件落下帷幕，我国陆上第一座炼油房自此开始真正着手建立。

之后，曹鸿勋接任了陕西巡抚，在光绪皇帝的准许下继续兴办延长油矿、建设炼油房。紧接着，曹鸿勋筹集 8.1 万两白银作为延长油矿和炼油房的开办资本，并委派候补知县洪寅为总办。自此，延长油矿正式成立。

虽然已经确定有油了，但是油的质量如何却无人知晓。万一油的质量不行导致采出来之后无法炼出成品油来，那这么多的努力不就都前功尽弃了吗？想到这些，曹鸿勋寝食难安，四处搜寻能够对油样进行检测的地方。当得知武汉有日本矿师可以对油样进行化验时，便马上派遣总办洪寅携带油样去往武汉。洪寅马不停蹄地赶到武汉后，顾不上休息便立马拜访日本矿师阿部正治郎，并委托他对油样进行检验。检验之后，延长油矿的石油样品得到了阿部正治郎的大加赞赏，称该处石油“胜于日本，能敌美产”。有了这颗“定心丸”之后，曹鸿勋等人的疑虑烟消云散，更加坚定了自主承办延长油矿的决心，相信延长石油一定会生产出不亚于洋人的煤油。

一波未平、一波又起，当时，采油与炼油设备都需要从外国进口，而延长地区位于重山之中，地形险峻，道路不通，怎么把庞大的仪器设备完好无缺地运进去成为难题。是铺设铁路呢，还是在崇山峻岭之中开辟山路呢？铺设铁路工程量大，工期较长，在此期间难免再出现洋人干预的情况。曹鸿勋几经思量，最终决定从岭北开辟一条能行马车的山路。

曹鸿勋命令地方官员配合他调派的专员以尽快勘察好地形。附近各州县人民听说要建设自己国家的炼油房，纷纷争先出力，参与到道路的修建过程中。经过广大民众的艰苦奋斗，通往延长的道路很快就全线竣工，使得机器设备的运输不受影响，延长石油厂炼油房的建成再进一步。

机器设备与人员就位之后，1907 年 8 月，延长油矿的第一口油井——延一井很快就开始出油了，日产油 1.5 吨，采出的原油被送往我国陆上第一座炼油厂——延长石油厂炼油房炼制。炼油房的成立初步实现了我国石油的自产自炼。9 月，炼油房首批炼制出的 28 桶煤油（约 334 千克）在西安销售后受到交相称赞。在洋货充斥的时代背景下，延长石油厂炼油房生产的煤油沉重打击了洋货的嚣张气焰，显著提升了民族自信心，同时也使人们看到了我国炼油工业的美好前景。

但是，清政府统治下的中国，工业极度落后，延长石油厂炼油房初期只能使用落后的小铜釜炼油，炼油能力和效率极低。另外，清政府不能自主生产炼油设备，缺少相关技术人才，在设备与技术上处处受制于人。当时的日本、美国都已经拥有了较为先进的炼油设备，但是这些列强看不得中国炼油工业的发展，不肯出售先进的设备。延长石油厂炼油房历经几

>>> 中国陆上第一座炼油厂

>>>延长石油厂炼油房场景

番周折，才从日本购得落后的二手卧式炼油釜，得以替换之前一直使用的小铜釜。另外，当时的洋人技师仗着掌握炼制技术，不仅要求天价报酬，还动不动就故意刁难，为炼油房的正常运行造成了不少的问题。虽然困难重重，但延长炼油房仍然步履蹒跚地走向我国石油炼制的舞台，留下了不可磨灭的一笔，开启了我国石油炼制的篇章。

延长石油厂炼油房在近百年的时间内，几经更名和重组，时至今日早已停止了使用，成为我国炼油史上的记忆，记录了我国石油工业艰难起步的历程。

安集海炼油厂的实业救国梦

20 世纪初，新疆无数家庭的夜晚总是笼罩在煤油灯昏黄的光晕中。乡间小路上，人们挑着扁担，沿着尘土飞扬的小道慢慢走着，在他们脚下的土地中，蕴藏着能够改变命运的珍贵能源，但这笔财富却如同深藏的秘密一般，未被发现。有人说，新疆的地下藏着一个无边无际的油海，黑金般的财富等待着被发掘。然而，在这片坐拥无尽宝藏的土地上，人们却依然使用着进口的“洋油”。

直到 1906 年，这些珍贵的能源才开始被发掘利用。当时新上任的新疆布政使王树楠对独山子“溢满沟溪，遍地皆有”的石油寄予了莫大希望，他说：“遍察南北诸矿，惟石油之富，利擅五洲。”并提出：“筑铁路以便运输，立公司以厚资本，运机器以省人力，设专科以储矿材。”在王树楠的倡议下，新疆决定采集油样到国外化验，得到了“足与美洲之产相抗衡”的化验结果，增强了清政府开办油矿的信心。随即，清政府准备进一步开采独山子的石油：1909 年拨款 30 万两白银，从俄国购进挖油机（顿钻钻机）和提油机（炼油装置）各一套；挖油机运到独山子，提油机安放到迪化（今乌鲁木齐）的新疆省工艺厂。在独山子开掘了第一口油井后，因财力不足，没能继续钻探，此后用开采煤矿的方式挖井采油，但负责炼油的新疆省工艺厂却不再生产。

时间来到 1912 年，杨增新作为中华民国新疆督军，看到俄国输入新疆的石油数量快速增长，而且油价不断上涨，就考虑抵制俄油，维护中国权益。1913 年，他牵头成立新疆矿务局，任命邬铭魁为总办，恢复新疆省工艺厂的炼油生产。但由于内忧外患，炼油事宜没有任何实质性的进展。

【延伸阅读】

盛世才生平

盛世才，字晋庸，原名振甲，又字德三，辽宁开原人，历任国民政府北伐司令部参谋本部科长、新疆省边防督办、新疆省政府主席兼中央军校第九分校（新疆分校）上将主任和农林部长等职，中华民国陆军上将，自1933年到1944年负责着新疆的军事、政治，号称“新疆王”，其间在苏联、国民党等势力间反复周旋。1949年后到台湾，1970年病故于台北。

到了1934年，在苏联的援助下，赶走了国民革命军中央陆军新编第三十六师马仲英后，新疆陆军军官初级学校上校战术总教官兼边防督办公署参谋处主任盛世才提出“建设新疆，收复东北，解放中国”的口号，让人倍感振奋。从东北经苏联进入新疆的东北抗日义勇军青年军官张鸣珊和赵新亚等人目睹了这些形势的变化，再加上看到新疆地广人稀、资源丰富，尤其是油矿具有巨大的潜力，于是开始憧憬“实业救国”的梦想。为了达到这一目标，他们首先制造舆论，在《天山日报》上发表了一篇《给守财奴的一封信》，并编写了《建设新新疆》的剧本，在军校纪念大会上演出。随后，两人又向新疆政府提交了两份关于开办油矿的提案，省政府的批示非常明确：“所陈各节，实为当务之急，候采摘施行可也。”1934年5月，省督两署果然下令，委任张鸣珊为安集海炼油厂厂长，并要求他立即到任筹建，同时介绍了两位炼油技术人员一同前往安集海建厂。

在得到政府的积极回应后，几个20多岁的小伙子天真地以为“实业救国”的愿望要成真了，立即离开军校，奔赴安集海，放弃官职与学业，从城市转向戈壁滩，从舒适的生活转到艰苦劳动。

建厂的经费和设备由省政府拨给，虽然只有几百万银票（大约相当于现在的 2 万元人民币），但他们还是充满了干劲。收到的设备包括 200 个旧石油桶、一口底部有碗口大窟窿的炼油锅（放在迪化的提油机），以及几瓶化学药剂。这些简陋的设备和有限的资金就是建厂的全部家当。

到了 1934 年 6 月，张鸣播厂长正式上任，带领一批人前往安集海开始筹备建设，另外一部分人员则留在迪化，负责修理设备，准备运输到安集海使用。当时迪化甚至没有一个小型修配厂。他们东奔西跑，早出晚归，并通过各种途径弄到了几颗螺丝和两把螺丝扳手，终于焊补好了炼油锅。

在他们准备离开迪化前往安集海时，朋友和同事们纷纷讽刺和挖苦："你们这些人，放着官不当，学不求，前途不要，却要跑到戈壁滩喝西北风。就凭你们这几块料，这点破烂，还想开油矿？"面对这些质疑和嘲讽，他们坚定地回答："等着吧！半年后，用我们亲手炼出的油点亮你们的照明灯。"

为了能早日炼出油来，所有人日夜奋战，安装炼油设备。安集海当时缺煤，经地方批准，张鸣播亲自带着八个青壮小伙儿前往林区伐木，干累了，大伙就坐在树下，或躺在河边，啃着干粮，饮着河水，唱起思乡曲。不到十天，就伐足了炼油所需的木柴。

>>>独山子的原油被马车拉到安集海炼油厂

炼油设备基本安装就绪，原油通过马车不断从独山子运送到安集海。1934 年 9 月初，开始试炼时却出了点小风波。两名技术人员提出，炼油时除厂长外，厂内任何人不能进锅炉房。名义上是防止意外，实际上是怕其他人学去技术，小伙子们一听到这些保守意见就不高兴了，纷纷反对这种做法。

张鸣璠劝导大家："炼油得依靠技术人员，过去怎样办，现在还怎样办，只要能出油就行。"他向大伙解释："在'教会徒弟就饿死师傅'的社会里，人家不让看是不奇怪的。"经过劝说后，大家才冷静下来。而经过这场争执，两名技术人员意识到自己的问题，摒弃了狭隘思想，大家又和和气气地共同研究问题。

试炼一次成功，当天炼出 40 多斤石油产品，看到自己炼出的石油产品，大家情不自禁地欢呼起来。厂里开了个小型庆祝宴会，慰劳全厂职工。张鸣璠端起桌子上的油杯说："我们建厂不到三个月，就炼出了自己的石油产品。看，这不比'洋油'还清亮。"这句话让大家倍感欣慰。有了自己炼的煤油以后，全厂各屋的灯都亮起来了。很多人说："还要让全疆人民都用我们炼的煤油，把黑夜照亮，让全疆的汽车、飞机都用我们炼的汽油奔驰、飞翔。"

煤油炼制的成功激起了大家更大的干劲，逐渐炼出了汽油和润滑油，采油站也增挖了储油洞。当年冬天，炼出的成品油与采运回来的原油，已经装满了 200 个油桶。他们意识到，炼油厂需要扩建，设备需要更新，于是提交了扩建计划，并向《天山日报》投了一篇关于安集海炼油厂出油的报道，以引起全疆人民的重视。然而，扩建计划报上去后却杳无音信。

1935 年 1 月，从省城开来了一辆大汽车，载着 20 名苏联工程师，他们带有政府介绍信。工程师们详细询问了出油地点和炼油情况，参观了炼油设备，并带走了两瓶原油，表示将其带回苏联做进一步研究。然而，两个月过去了，仍杳无音信。原来苏联工程师只是为了获取新疆矿产情报，对扩建炼油厂并无兴趣。最后，因资金匮乏，张鸣璠和技术管理人员相继离职，安集海炼油厂的生产处于时开时停的状态。

>>> 新疆省政府从俄国购进的蒸馏釜于 1936 年迁至独山子炼油厂

1936 年，苏联从自身利益出发，认为扶持盛世才有助于其在新疆的利益，于是进入了和盛世才在新疆石油工业方面合作的“蜜月期”。新疆省政府与苏联政府联合组成了独山子石油考查厂。1936 年 10 月，安集海炼油厂与独山子石油考查厂合并，成立新疆省政府与苏联政府合营的独山子炼油厂，进入了新的快速发展阶段。

>>> 独山子石油考查厂、独山子炼油厂关防（公章）

【延伸阅读】

独山子石化的前世今生

1936 年 10 月，安集海炼油厂撤销，设备和资产迁运独山子，与石油考查厂合并，成立独山子炼油厂（今中国石油独山子石化公司的前身）。

独山子炼油厂在极其困难的情况下开始创业。20 世纪 50 年代建成具有现代化水平的管式蒸馏和单炉裂化装置，最高年加工原油 7 万吨；20 世纪 60 年代初原油加工量突破 120 万吨 / 年，成为我国第一家百万吨级炼厂；20 世纪 90 年代坚持“吃三睡五干十六”，建成新疆首套乙烯装置——14 万吨 / 年乙烯。2009 年，“一套人马、双线作战”，建成西部大开发标志性工程、新中国成立 60 周年百项经典暨精品工程——千万吨炼油百万吨乙烯工程；2021 年“战风沙、斗寒暑”，建成我国乙烯工业示范工程——塔里木 60 万吨 / 年乙烷制乙烯。自此，公司成为业务跨越天山南北，覆盖“油”“烯”“肥”“电”的大型炼化一体化企业。

>>> 中国石油独山子石化公司夜景

玉门炼油厂的传奇

“可是不管你走得多远，走到多么荒寒的地方，你也会看见我们人民为祖国所创造的奇迹。就在这戈壁滩上，就在这祁连山下，我们来自祖国各地的人从地下钻出石油，在沙漠上建设起一座出色的‘石油城’。这就是玉门油矿。”这段话来自《戈壁滩上的春天》，是作家杨朔在 1953 年 4 月创作的，用于赞美石油人在这片戈壁上创造的奇迹。

>>>20 世纪 40 年代的石油河（引自《图说玉门》）

>>> 玉门油矿开发建设场景

1937 年，抗日战争全面爆发，不久南京沦陷，国民党政府迁至武汉，沿海港口全部失守。当时我国的燃油基本上依赖进口，因此石油来源断绝，大后方严重缺油，曾有“一滴汽油一滴血”的说法。为了解决燃油的问题，我国需要加紧找到自己的油源。从 1937 年 6 月到 12 月，地质学家孙健初在玉门进行了为期半年的石油地质勘查。通过野外地质勘探和室内岩石标本分析，认为甘肃玉门的老君庙地区蕴藏着具有工业开采价值的石油。1938 年 6 月，甘肃油矿筹备处成立。一批爱国知识分子抱着产业报国的坚定信念，身披大漠长风，来到祁连山下、老君庙前，在穷塞绝域之地，建起矿场，支援抗战。

>>> 蒸馏锅前场景

1939 年 4 月，老一井出油后，筹备处从酒泉西北化学公司购得 70 加仑（约 0.3 立方米）蒸馏锅一个，在老君庙前开始炼油，并取得成功，生产出汽油、煤油、柴油等产品。

1939 年 10 月，甘肃油矿筹备处第一炼油厂开始筹建，至 1940 年底，加工原油 1050 吨，生产汽油 211 吨、煤油 100 吨、含蜡柴油 193 吨，开启了中国现代炼油工业的先河。

1941 年初，为了扩大玉门油矿的生产规模，国民政府资源委员会决定成立甘肃油矿局，任命孙越崎为总经理，甘肃油矿局两个最重要的生产单位分别是老君庙的矿场和炼油厂。矿场主要负责石油的勘探和开采工作，由知名地质勘探专家严爽担任矿长。炼油厂则负责原油的炼制和各种油品的生产，首任厂长是 40 岁的金开英。那是一个充满挑战的年代，战争的阴影笼罩在每一个人的心头，金开英和他的团队肩负起了在西北荒漠上创办一个大型炼油厂的重任。

>>> 玉门油矿筹备处第一炼油厂

玉门油矿建设初期，炼油采用简陋的炼油甑（锅炉状）间歇生产，不仅所得成品少，且质量也差。为了解决当时炼油的燃眉之急，金开英自行设计制造了釜式蒸馏设备，但在建造过程中面临的首要问题是材料短缺，尤其是钢材。孙越崎四处奔走，寻找钢材的来源。他听说重庆附近的长江里有一些沉船，便组织人打捞船体上的钢板；又听说宜昌附近的江底有被日军飞机炸沉的钢管，便带人去抢捞；重庆市内的一些工厂里堆放着废旧钢铁，也被他一一搜罗。

>>> 金开英

随着钢材问题的解决，炼油厂的设备逐步完善，生产能力大幅提升。抗日战争时期四川、甘肃、陕西、新疆及宁夏、青海部分区域，所用汽油多依赖于玉门炼油厂。1942 年，日军企图强渡入侵陕西省，由于有了玉门生产的汽油，我国军民能及时将苏联供应的大炮从新疆赶运到前线，阻

>>> 玉门油矿油品支援美国飞虎队用油

挡了日军的进攻。1944 年，美国空军的飞机从成都起飞轰炸东京和已被日军占领的唐山开滦煤矿、林西发电厂，用的也是玉门炼油厂供应的地勤用油。

在玉门的五年时间里，金开英孑身一人，妻儿老母都在千里之遥的北平。1943 年，他的长女冲破日军的封锁线，千里寻父来到老君庙。然而，金开英已经认不出女儿。为了尽到父亲的责任，金开英决定送女儿到重庆读书。然而，由于工资微薄，他竟无法凑足路费和学费，不得不卖掉他珍贵的英文打字机。

1945 年，我国取得了抗日战争的胜利。在这一年秋天，金开英奉命接管日伪军遗留在台湾及东北的石油厂矿，并提议成立中国石油公司。金开英离开老君庙时，玉门炼油厂已成为我国第一座相对完备的工业化炼油厂。1949 年，玉门和平解放，玉门油矿和炼油厂回到了人民手中。随着国家经济的恢复和发展，开发西北地下宝藏的工作也大规模地展开了。玉门油矿先后在炼油厂兴建高熔点沥青装置、原油脱盐装置、污油回收装置、焦化装置等，使炼油厂成为全国石油炼制工业战线独树一帜的大炼厂，支援了国家建设。

油母页岩炼石油

在20世纪初的抚顺，一场意外的发现揭开了一段传奇的序幕。1909年，矿工们在煤层深处意外发现了一种宝贵的自然资源——油母页岩。这一发现如同一把“钥匙”，为能源开发开启了一扇新的大门。

>>>地表油母页岩

知识链接

油母页岩

油母页岩是由水生植物藻类等低等生物腐化成的一种矿产资源，可以用于干馏炼油、半焦发电、合成煤气及化工原料等。

在新中国成立之前，抚顺的油母页岩开发就已经悄然展开。20世纪20年代，日本在我国东北地区建立了南满洲铁道株式会社，开始了对油母页岩大规模开发。从1928年起，日本在抚顺建设了第一座制油工厂，于1930年正式投产，开始生产页岩原油。随着日本侵略战争的扩大，抚顺的油母页岩资源被大规模掠夺，制油工厂的生产能力不断扩大。从1931年到1945年，日本侵略者利用东北地区丰富的油母页岩资源，先后建成了抚顺炭矿西制油厂、抚顺炭矿东制油厂、煤液化加氢厂等油母页岩干馏制油厂（国民经济三年恢复时期，我国将其命名为石油一厂、石油二厂和石油三厂）。

1945年日本投降前夕，侵略者销毁了大量的技术资料，并对人造石油生产设施进行了破坏。1948年抚顺解放时，除了抚顺炭矿西制油厂的部分干馏炉还能断断续续地运转外，大部分设备已经无法正常运转，抚顺的人造石油工业几乎陷入瘫痪。1949 年，新中国刚刚成立就面临重重困难。这个时期的中国，工业基础薄弱，资源匮乏，但国家的建设和安全需要大量的能源支持，特别是石油资源，这便成了一大挑战。当时的世界形势很复杂，冷战使得国际政治充满不确定性，对于新中国来说，依赖国外的石油供应是非常危险且不稳定的，随时可能因为政治因素而被切断。在这种背景下，抚顺作为中国人造石油工业的发源地，再次成为国家战略的重点地区。1950 年，全国石油工业会议提出了“天然油和人造油并重”的发展方针，抚顺的人造石油工业成为国家重点支持的项目之一。

知识链接

人造石油

人造石油，是用固体（油页岩、煤、油砂等可燃矿物）、液体（焦油）或气体（一氧化碳、氢）原料加工得到的类似于天然石油的液体燃料，其主要成分为各种烃类，加工方法主要有煤、油母页岩或油砂的低温干馏法、煤间接液化法、煤直接液化法等。

然而，前期的重建工作远非一帆风顺。在抚顺这片曾被战火重创的土地上，石油工业几乎是从废墟中重新开始的。抚顺石油二厂在战火中受到严重破坏，装置被摧毁，可移动的设备和器材被掠夺殆尽，只留下荒草和废墟。

1951 年 10 月 23 日，清晨的阳光照亮了刚刚整修过的人造石油厂区，尽管依然带有战争留下的痕迹，但是工人们已经尽力打扫干净。这一天，朱德副主席来到了抚顺石油一厂实地考察。在亲眼见证了工人们在艰苦的条件下依然坚持工作，以及他们为了国家自力更生而不懈奋斗的精神后，他被深深触动，于是在人造

工友同志们
为了巩固国防任务，
必须努力发展
人造石油工业。
朱德
一九五一年十月廿三日

>>>1951 年 10 月 23 日朱德视察抚顺人造石油厂的题词

石油厂留下了那句鼓舞人心的话："工友同志们，为了巩固国防任务，必须努力发展人造石油工业。"

>>>石油一厂东原油装置

在接下来的几年中，抚顺的人造石油工厂逐步恢复。1952 年石油一厂的年产量恢复到 22.5 万吨，占当时全国原油产量的 51.6%。1953 年，60 台干馏炉和辅助装置的建设提上了日程。1954 年 10 月，干馏炉部分恢复生产。到 1959 年底，页岩原油生产能力达到了 70 万吨 / 年，炼制能力更是达到了 100 万吨 / 年。人造石油工业创造了辉煌，页岩原油产量和炼油能力的大幅快速增长，为国家经济的发展提供了坚实的能源支持。

通过不断改进生产工艺，抚顺的人造石油工业逐步实现了从低效到高效的转变。工人们在生产中积累了丰富的经验，并在实践中逐步完善了生产流程，不仅在艰苦的条件下恢复了生产，还通过自主创新，大大提高了页岩原油的产量和质量。

在新中国成立的最初十年间，全国上下都在为了实现工业化梦想而奋斗。在这样的大背景下，人造石油的发展成就尤为引人注目。在短短的十年里，抚顺各炼油厂累计生产了 478.1 万吨人造石油，这一数量在国内同期原油总产量中占了近四成。

新中国建设的第一个大型炼油厂

1953年金秋十月，兰州市区民主东路208号门前的爆竹声传来特大喜讯：兰州要建大炼油厂了！炼油厂筹建处由北京迁到兰州，改名为兰州炼油厂筹建处。

1953年11月，中共中央委员、政务院财政经济委员会副主任李富春带领中央有关部委领导来到兰州，同苏联专家亲赴第五区（今西固区），确定了兰州炼油厂、兰州合成橡胶厂的厂址。1954年2月19日，国家计划委员会批准在兰州西固建设大型炼油厂。与此同时，苏联铁道、水文地质专家来兰州进一步勘探水文地质构造。随后燃料工业部和国家计划委员会批准《兰州炼油厂建设计划任务书》，并在西安召开的全国石油工作会

>>> 苏联专家指导炼油装置开工（兰州石化提供）

>>>今日兰州石化

议上指出，加速兰州炼油厂建设。11 月，苏联国家设计院向中国交付了兰州炼油厂一期工程初步设计方案。1955 年 8 月，苏联向中国交付“兰炼一期工程技术设计议定书”。至此，共和国炼油工业的长子即将在孕育中华文明厚重的黄土地上诞生。

>>> 建设大军开进兰州炼油厂十里厂区

1956 年 4 月 29 日，兰州炼油厂第一期工程动工建设典礼正式举行。黄河之滨 2 平方千米的工地上，锣鼓喧天，彩旗飞舞。下午 1 时 10 分，长龙般的推土机和大型吊车隆隆地驶进工地，各路建设大军迈着铿锵的步伐进入现场。

这是一个非常宏大的工程，一期工程投资 1.8 亿元，工业与民用建筑及基础面积达 40 万平方米，需要安装设备 1.3 万吨，敷设各种管道长达 860 余千米，土方工程量 200 多万立方米，地上地下混凝土量 14 万立方米，最高筑物达 73 米，单体设备最重 170 余吨。一期工程需吊装大、小塔 60 多座，制作安装各类油罐 287 座，还有大量高温高压容器和管线焊接、保温工程及仪表安装调试等，工程量大，质量要求严格，在新中国成立初期生产力比较落后的情况下，施工技术难度可想而知。尽管国家还不富裕，但是新中国人民当家做主后迸发出来的热情和干劲，为工程建设注入了无限活力。施工条件差，机械化程度低，干部和工人齐上阵，人拉肩扛，砌房子、铺管道、修油架、搭设备。

1958 年 9 月，兰州炼油厂建成投产。9 月 13 日，第一套原油电脱盐装置正式投产，9 月 18 日炼出第一批汽油、煤油、柴油等 6 种成品油，标志着新中国第一座大型炼油厂正式建成，结束了中国只能依靠“洋油”的历史。

依靠党的领导，发挥广大职工群众的积极性和创造性，学习苏联先进经验，加强组织工作和具体措施，信心十足，为争取石油生产的丰产、质好和品种齐全，以逐步满足国家和人民的需要。

周恩来 一九五九年三月二十日于北京

>>> 周恩来总理为兰州炼油厂开工题词

兰州炼油厂的建成，使我国炼油工业在装备水平、技术水平和产品质量诸方面得到很大提高，为 20 世纪 60 年代以后国家新建炼油厂积累了宝贵经验。

>>> 兰州炼油厂建设如火如荼

>>> 1959 年，兰州炼油厂占中国新增原油加工能力的 30%

让石油变身的“五朵金花”

1962 年 10 月，石油工业部副部长刘放主持了一场重要的石油炼制科研计划会议，后来被誉为“香山会议”。会场设在北京香山的一座会议室内，窗外的红叶为会议增添了一抹季节性色彩。室内布置简洁而专业，中央是一张长条形会议桌，周围摆放着整齐的座椅。身为石油工业部炼油厂新技术领导小组成员的侯祥麟也作为重要参会者出席了此次会议。会议汇聚了全国炼油领域的众多专家，共同探讨中国炼油技术的发展方向。会上，侯祥麟对国内外炼油技术状况进行了对比分析，提出除了流化催化裂化和延迟焦化外，国际上比较先进的炼油装置还有催化重整和尿素脱蜡。他的发言引起了广泛关注。

>>> 电影《五朵金花》

经过大家深入的讨论，最终决定集中各方面的技术力量，独立自主地开发流化催化裂化、催化重整、延迟焦化、尿素脱蜡，以及有关的催化剂和添加剂 5 个方面的石油炼制新工艺、新技术。当时正值大家看完国产电影《五朵金花》，参会的专家们被影片中五位美丽的名叫金花的白族姑娘的爱情故事深深打动。刘放副部长由此提议以五位年轻、美丽、勤劳的姑娘象征这五项技术。从此，这五项技术被誉为中国炼油工业的“五朵金花”。

“五朵金花”是关乎国民经济生产建设的重大科研项目，需要科研、基建、制造等各方面的配合，当时陈俊武、武宝琛、林正仙、闵恩泽等炼化科技专家都投入到这些项目的科研开发中。侯祥麟作为主管科研工作的领导和专家，担子更加沉重。他像一位园丁，在中国的炼油园林中精心培育这“五朵金花”。从科研方向、试验方案的制订，到试验的每个环节，他都亲力亲为，以确保“五朵金花”能够茁壮成长。当年在科研攻关中负责催化剂研制的闵恩泽院士回忆当年的情景说：“那些日子，侯院长在研究院、实验室、炼油厂之间奔波，千方百计让这些炼油新技术早点开花结果。一次，兰州炼油厂的一份催化剂研制设计书需要修改，叫我们把有关资料寄去。侯院长听了很着急，说‘不能寄，你立即乘飞机送去！’我对这件事印象极深，因为那次是我平生第一次乘飞机。”

功夫不负有心人，通过侯祥麟和科研团队的努力，五项炼油新技术在三年内相继获得成功，让原定于 1972 年完成的任务提前了 7 年。

这“五朵金花”的绚烂开放，使得中国的炼油能力迅速在国际上崭露头角。到 1966 年，“五朵金花”的四项工业化装置分别在大庆炼油厂（催化重整）、抚顺石油二厂（流化催化裂化、延迟焦化）、锦西石油五厂（尿素脱蜡）先后建成投产，各种催化剂和添加剂也投入生产和应用。当时，中国新建催化重整、流化催化裂化、延迟焦化、加氢裂化、尿素脱蜡装置 13 套，炼油加工能力达 1423 万吨 / 年，石油产品种类累计达 494 种，汽油、煤油、柴油、润滑油四大类产品总产量达到 617 万吨，自给率达到 100%，改变了中国炼油工业的面貌。

>>> 长开不败的“五朵金花”

“五朵金花”均在 20 世纪 60 年代被列为国家级成果，并于 1978 年荣获全国科技大会奖。“五朵金花”是中国炼油科技发展史上的一段璀璨传奇，其影响和价值在未来的岁月里依然灿烂，不断激励着广大炼油科技工作者为祖国炼油行业的发展贡献青春和力量。

分子炼油技术正在崛起

原油可以加工成汽油、煤油、柴油、润滑油、石油蜡、石油沥青、石油焦等炼油产品，也可以加工为乙烯、丙烯、丁二烯、苯、甲苯、二甲苯等基本有机化工原料，进而生产合成橡胶、合成树脂、合成纤维等化工产品，每一个大产品下面又可以生产出十几个甚至几十个小产品。

石油属于不可再生资源，如何把原油最大限度地加工成市场所需的各种产品，降低加工过程的原料损耗，引起了许多研究人员的注意。20 世纪 80 年代末，正值中国经济迅速发展之际，对能源的需求也不断增加。传统的炼油过程面临着许多问题，如石油产品质量不高、油品调和方案不尽合理、环境污染严重等，要解决这些问题，就需要一种全新的炼油理念——石油分子工程和分子管理。

自 1956 年 Arthur Robert von Hippel 教授提出分子工程概念以来，分子工程概念在很多研究或学科建设中被采纳，其内涵也在不断变化和发展。在我国，何鸣元院士于 2007 年提出“分子炼油”这一概念，目前虽然在石化行业十分流行，但很难找到明确的学术定义，是一个比较宽泛的概念，在不同环境下存在不同的解释，可以理解为分子水平的炼油技术，但缺少明确的技术体现。

>>> Arthur Robert von Hippel

何鸣元院士长期从事催化材料、炼油化工催化剂与工艺研究。他带领团队对不同类型的石油分子进行深入研究，揭示了其在炼油过程中的行为和反应特性，这些研究为分子炼油技术的开发奠定了理论基础。

在理论研究取得了一定进展后，何鸣元带领团队开始着手实验室中的应用。他们设计了新型的催化剂，这些催化剂能够在分子水平上精准地控制化学反应。通过这些催化剂优化炼油过程中的各个反应步骤，从而提高了炼油效率和产品质量。在实际操作中，何鸣元院士面临着许多困难。例如，催化剂的选择和设计需要考虑到反应条件的变化，而反应条件的变化又会影响催化剂的性能。此外，实验室中的成果如何有效地转化为工业生产中的技术，也是一项巨大的挑战。

何鸣元院士及其团队克服了种种困难，将分子炼油技术逐步推广到实际生产中。遵循“物尽其用、各尽其能”的理念，按照“宜油则油、宜烯则烯、宜芳则芳、宜润则润、宜化则化、宜特则特、宜材则材”的原则，做到“无浪费、吃干榨净”，实现了充分高效利用石油资源的目标。分子炼油技术突破传统意义上对石油馏分的粗放认知，从分子层次上深入认识原油特征和价值，粗粮细吃，进而研发出石油加工利用的先进技术。

白春礼院士长期从事化学和材料科学的研究工作。他意识到要提升炼油技术的效率和环保性，必须在分子水平上进行管理和优化。因此，他积极推动“分子炼油”概念的发展，并将其应用于炼油生产实践中。白春礼及其团队通过分子模拟、催化剂设计和反应工程等多学科的交叉研究，致力于在分子层次上理解和控制石油的裂解、重整、加氢等关键反应过程。他们利用先进的分析技术，深入研究石油分子在催化剂表面的行为，开发出新型催化剂和工艺技术，从而实现了在更低能耗、更少污染的条件下，高效转化石油原料。

徐春明院士提出了“分子组合与转化”概念，认为分子组合与转化是实现分子炼油的技术途径，并且相对分子炼油，分子组合与转化不单纯是一项技术，更是解决方案，即从分子水平实现炼油增效的组合技术方案。

2008 年，镇海炼化应用自主开发的计划优化模型和带反应的流程模拟模型，通过优化原油资源、资源流向和能量配置，实现了炼油和乙烯整体效益的最大化。2008 年，镇海炼化引入分子炼油技术，通过对碳五进行正 / 异构分离，将异构碳五作为汽油调和组分，每年增效近亿元。在建设炼油—乙烯一体化项目时，镇海炼化仅通过优化乙烯氢气、炼厂干气、液化石油气、碳五等物料流向，就实现了年增加乙烯裂解原料超过 70 万吨，为炼油厂提供氢气（折合标准状态）超过 3 万米^3/ 时。

随后茂名石化和石家庄炼化也分别于 2011 年和 2013 年提出要深入落实分子炼油理念，按照“细分物料、细分客户、贴近指标、精心调配”的优化思路，实施资源差异化战略，建立完善分段优化预测模型，优化原油资源，合理安排加工流程和优选加工方案。茂名石化通过干气提浓装置把炼厂干气中的碳二、碳三烃类分离出来，作为蒸汽裂解装置原料，减少燃料气中碳二及以上组分的浪费；同时根据开发的分段优化预测模型，对减压渣油不同加工路线所产生的价值进行测算与排序，为渣油加氢、催化裂化、延迟焦化和沥青装置精心调配原料，实现渣油价值的最大化。

美国埃克森美孚公司在“分子炼油”研究和应用上处于世界领先地位。该公司早在 2002 年就启动实施了“分子炼油”项目，利用其专有的原油指纹技术，分析不同原油的分子结构信息，建立相应的反应动力学模型，并进一步与计划优化系统和实时优化系统相结合，准确选择原油、优化加工流程和产品调和方案，预测产品产率和性质，最大化生产高价值产品，从炼油过程整个供应链的角度进行优化。

分子炼油技术使埃克森美孚公司有效提高了装置加工能力，收益颇丰。埃克森美孚公司宣称，通过分子炼油技术，其炼油业务年获益超过7.5亿美元。

纵观国内外炼油技术研究进展，从技术水平来看，催化裂化、加氢裂化、延迟焦化、催化重整等主要石油加工过程的分子水平反应动力学研究均已取得令人满意的成果。随着分析技术、信息技术等相关领域研究的进一步深入，分子炼油技术将成为炼油企业优化物料流程、调整产品组成、提升产品利用水平的重要手段，将在我国炼化行业得到更多的推广和应用，成为炼化行业发展的大趋势。

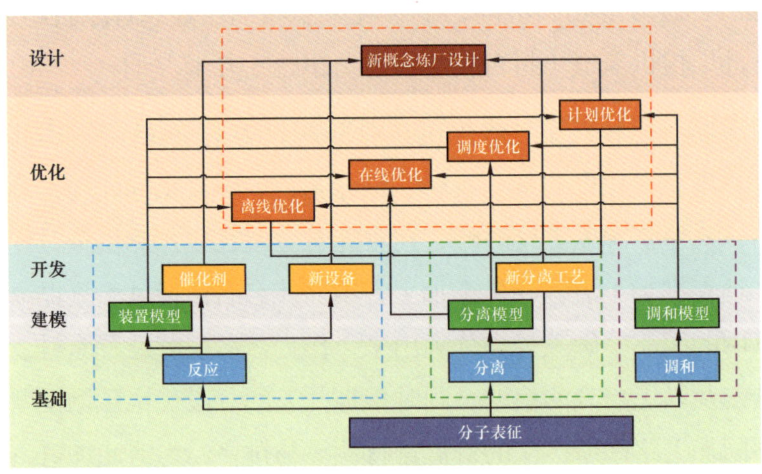

>>>分子管理技术的应用层面

【延伸阅读】

我国七大炼化基地

“十三五”期间，我国规划并有序推进了大连长兴岛、上海漕泾、广东惠州、福建古雷、河北曹妃甸、江苏连云港和浙江宁波七大炼化产业基地建设，使中国炼油行业持续向着装置大型化、炼化一体化、产业集群化方向发展。

我国七大炼化基地分布及主要项目

炼化基地	项目名称
大连长兴岛	恒力 2000 万吨 / 年炼化一体化项目
	华阳集团与富佳集团 2000 万吨 / 年炼化一体化项目
广东惠州	中国海油惠州炼化二期项目
	埃克森美孚惠州项目
浙江宁波	镇海炼化扩建 1500 万吨 / 年炼油项目
	大榭石化品升级扩建项目
福建古雷	福建古雷炼化一体化项目
江苏连云港	盛虹石化 1600 万吨 / 年炼化一体化项目
河北曹妃甸	中国石化曹妃甸千万吨炼油项目
	河北一泓 1500 万吨 / 年炼化一体化项目
	辽宁海域 2000 万吨 / 年炼化一体化项目
	中东海湾 1500 万吨 / 年炼化一体化项目
	大连福佳 2000 万吨 / 年炼化一体化项目
	河北新华联合 2000 万吨 / 年炼化一体化项目
	唐山旭阳石油化工 1500 万吨 / 年炼化一体化项目
上海漕泾	高桥石化漕泾 2000 万吨 / 年炼化一体化项目

我国七大炼化基地均布局沿海，巧妙利用海运的低成本与高效率，顺应全球化资源调配趋势。它们吸纳来自世界各地的石油资源，确保了原料供应的及时与稳定，同时也利用沿海的地理优势，为我国炼化产业的快速发展提供了强有力的海运支撑。

七大炼化基地的总原油处理能力将达到我国总炼油能力的 40% 左右，届时它们将撑起我国炼化行业的半边天。

>>> 广东省惠州市大亚湾区石化区航拍（引自视觉中国）

移形换影

催化加工让石油变身更高效

催化加工作为炼油工业的核心技术之一，每一次技术革新都是一次次的大胆创新和实践。每一项技术的突破和升级都不再只是技术史上的脚注，而是共同编织出一部关于智慧、勇气和前瞻性的壮丽篇章。

Petroleum

分子筛：石油变身魔法的媒介

科学的发现有时出现在偶然之间。瑞典矿物学家、化学家亚历克斯·克朗斯泰特（Alex Cronstedt）将一种在山边采集来的矿物用火焰加热时，惊奇地发现它会起泡、膨胀和冒出水蒸气。1756年，他在瑞典学院报告了这个发现，并把这种矿物称为“沸石”（沸腾的石头）！

但是克朗斯泰特当时并不知道发生这一切究竟是什么原理。在他之后，关于沸石的关注和研究陷入了长久的沉寂，直到100多年后，才有研究者证明克朗斯泰特当年观察到的水损失现象是可逆的，也就是说沸石可以在脱水之后再吸水，并一直循环下去。

>>> 天然沸石

到了 20 世纪初，沸石的商业价值才被发掘出来，用于硬水的软化，也就是去除水中过多的钙离子和镁离子，并被添加到洗衣粉中用来改善洗涤效果，这种用途沿用至今。

沸石内部充满了细微的孔穴和通道，比蜂房都复杂得多。假如把沸石比作旅馆，那么一立方微米的这种“超级旅馆”内，竟有 100 万个“房间”。这些房间能根据“旅客”（分子和离子）的高矮、胖瘦与嗜好的不同，自动开门或挡驾，绝不会让“胖子”误入“瘦子”房间。根据沸石的这一特性，人们用它来筛选分子。

1925 年，沸石分离分子的作用被媒体首次报道，研究证明从孔隙中去除水后，沸石晶体可以根据大小的不同来分离气体分子。1932 年，沸石的这种特性被称为“分子筛分”作用，于是，沸石开始有了一个新的名字——分子筛，即可以分离分子的筛子。

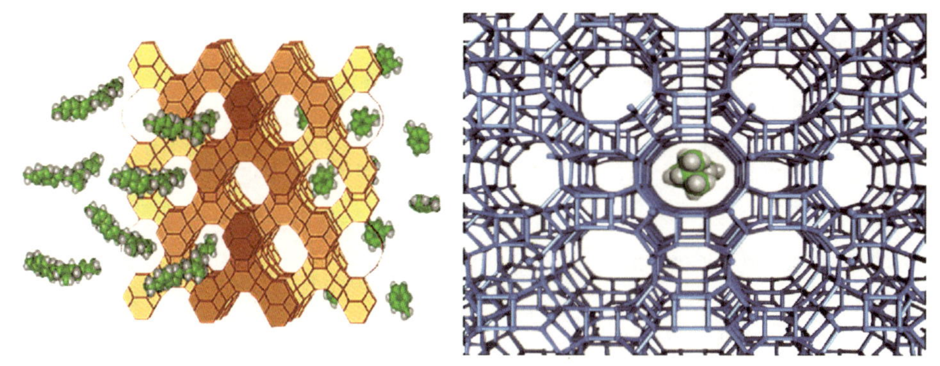

>>>分子筛对物质分子的筛分功能示意图

受此启发，英国化学家理查德·巴勒（Richard Barrer）开始深入研究分子筛的气体吸附性质，并且着手人工合成分子筛。1948 年，他提出一个构想，在模拟地质环境，也就是高温以及存在水沸腾后产生的自生压力的条件下合成分子筛。在这一思路指导下，合成出自然界不存在的、具有全新结构的人造分子筛。这一成功拉开了水热法人工合成分子筛的序幕。时至今日，水热反应仍然是分子筛实验室合成以及工业生产的重要方法。

20 世纪 50 年代，分子筛的商业价值愈发凸显。工业界的研究人员迅速加入分子筛的研究中来。其中，杰出的代表人物是美国联合碳化物公司的罗伯特·米尔顿（Robert Milton）。经过探索，米尔顿采用了新的原料，在比巴勒实验更温和的条件下，成功合成了 A 型和 X 型分子筛。这两种分子筛从 1954 年开始作为工业吸附剂实现商业化应用以来，如今仍在吸附剂和催化剂市场上占据着重要地位。

从 1959 年开始，美国联合碳化物公司推动了人工合成的分子筛在石油产品分离方面的大规模应用，用含钙离子的 A 型分子筛吸附分离汽油中的正戊烷和正己烷，而把异构烷烃保留下来，以提高汽油的辛烷值。同时，分子筛的催化作用也被重视起来。其中，具有代表性的分子筛催化剂是美国联合碳化物公司研究人员在 1954 年合成的 Y 型分子筛和美孚石油公司研究人员在 1963 年合成的索科尼美孚沸石第 5 号分子筛（Zeolite Socony Mobil−5，ZSM−5）。

Y 型分子筛与 X 型分子筛具有相近的骨架结构，是催化裂化、加氢裂化和异构化等反应中常用的酸性催化剂。ZSM−5 属于高硅含量分子筛，在石蜡脱氢、甲醇转化等催化反应上表现出优异的择形催化性能，也常用作催化裂化增产丙烯的助剂。

知识链接

正构烷烃与异构烷烃

正戊烷是一种有机化合物，化学式为 C_5H_{12}，常用作溶剂，用于制造人造冰、麻醉剂。

正己烷是一种有机化合物，化学式为 C_6H_{14}，属于直链饱和烃类。在常温下为无色透明液体，略带石油气味，易挥发，蒸气密度大于空气。

异构烷烃是一类具有支链结构的烷烃，与正构烷烃（直链烷烃）不同，异构烷烃的沸点低于相同碳原子数的正构烷烃，具有较高的辛烷值。

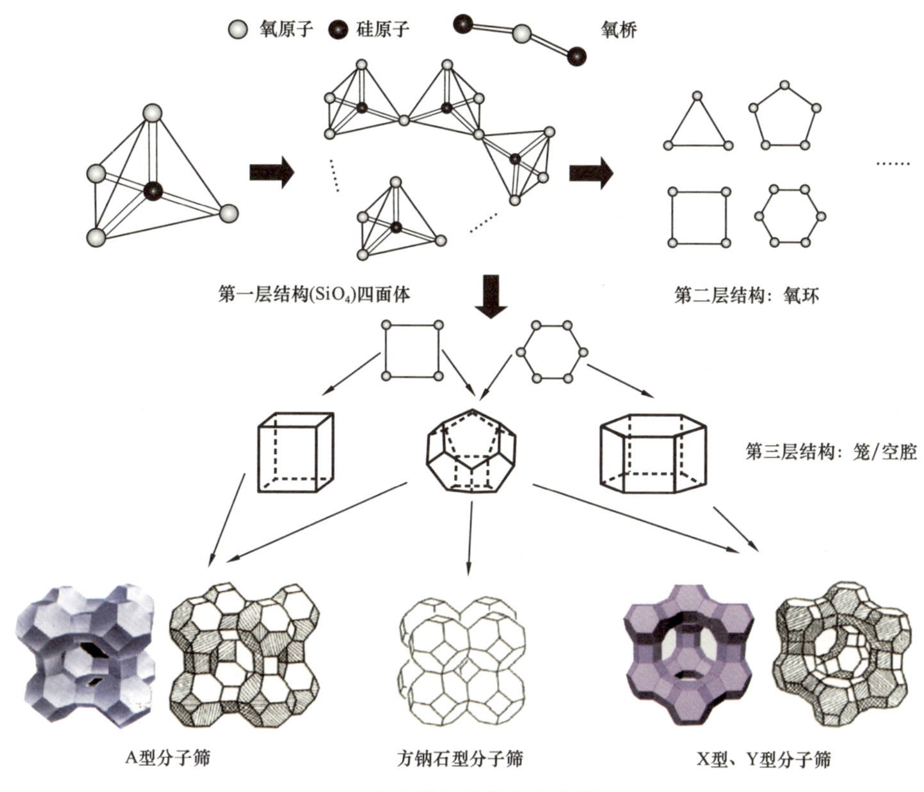

>>> 分子筛组成结构示意图

分子筛的研究与开发一直处于快速发展的阶段，新型分子筛不断被合成并应用于石油炼制领域。通过不断优化分子筛的性能，为石油炼制过程提供了更加高效的催化剂和吸附剂，推动了产品收率和质量的提升，为炼油工业的可持续发展注入了新动能。

打破飞机停飞困境的小球硅铝裂化催化剂

催化剂，素有炼油工艺的“芯片”之称，其生产技术在各国都属于高度保密级别。新中国成立初期，催化剂的研究和生产都处于空白，完全依赖苏联进口。当时，小球硅铝裂化催化剂对于航空汽油的生产至关重要。然而，在 20 世纪 50 年代末，随着中苏关系的恶化，苏联撤走专家，并带走了原计划用于建设催化剂工厂的图纸。后来，苏联将次品卖给中国直至停止供应。面对进口库存越来越少、飞机就要停飞的困境，石油工业部决定自力更生，在兰州炼油厂建设中国自己的小球硅铝裂化催化剂厂。闵恩泽被任命为副总指挥，负责建设期间的所有技术难题。

1958 年，在接受小球硅铝裂化催化剂研发任务后，闵恩泽按催化剂制备工序安排了研究内容，先研究成型工艺，然后再研究热处理、活化、水洗。在极其简陋的实验室里，闵恩泽每天从早上 8 点开始工作，直到深夜 1 点多才结束，随后还要开碰头会，通常凌晨两三点才休息。然而，一年多时间过去了，研究遇到了瓶颈，才研究到干燥这一步。在水洗后，直径 10～12 毫米的湿胶球要干燥成直径 3～5 毫米的干燥小球。这时才发现，干燥过程中小球大量破碎，完整率只有 40%～50%，几乎破碎了一半。他认为，破碎是因为干燥温度、湿度没有控制好，于是重新设计建造能控制温度、湿度的干燥箱，这样又是一年过去了，问题仍然没有解决。这时距离原定兰州炼油厂小球硅铝裂化催化剂工厂开工只有 3 个月时间了。

当时全国工业都在学大庆，学大庆靠“两论”起家。针对小球硅铝裂化催化剂干燥过程中的破碎问题，闵恩泽反复阅读《实践论》和《矛盾论》。《矛盾论》指出：事物都有矛盾的两个方面，内因是根据，外因是条件。硅铝湿胶干燥收缩时在毛细管中引起的压力应该是其破碎的内因，而干燥条件是外因。因此应该治本，采用添加表面活性剂减少毛细管中的压力。于是，他决定回北京去寻找更好的表面活性剂。经过多次实验，团队终于找到了一种叫“平平加”的表面活性剂，使用后小球硅铝裂化催化剂干燥过程中的完整率达到 90% 以上，超过了苏联同类催化剂完整率 86% 的水平。

1964 年 7 月，当进口库存仅能维持两个月时，催化剂厂顺利投产，其产品质量远超苏联，价格仅为进口剂的一半，有效打破了技术封锁，保障了我国航空汽油的正常供应。

>>>1964 年建成的小球硅铝裂化催化剂装置

中国催化裂化技术的破局

在石油炼制行业，流传着一句俗语："催化一响，黄金万两！"这生动地说明了催化裂化在石油炼制中的重要性。为什么催化裂化如此重要呢？这就要从原油的炼制过程说起。

原油进入炼油厂的第一道工序是原油蒸馏，包括原油预处理、常压蒸馏和减压蒸馏三部分。原油是组成复杂的混合物，所含组分的沸点高低不一。通过蒸馏过程能够从原油中提取沸点较低的轻质油品，同时会剩余沸点较高的重质油品，通常称之为渣油或重油。重油中仍然含有大量无法通过蒸馏提取的有用成分，但是在过去很长一段时期，这些重油主要作为廉价的燃料来处理，甚至被认为"无甚大用"，导致其中蕴含的潜在价值被严重低估。于是，催化裂化技术应运而生，在高温和催化剂的作用下，使得重油发生裂化反应，转化为汽油和柴油等高附加值产品。这种"吃干榨净"的炼制方式创造了巨大的经济效益，因此催化裂化被誉为石油炼制工业中的"黄金工艺"。

然而，催化裂化技术在我国的发展并非一帆风顺。在新中国成立之初，我国石油炼制工业技术落后，大部分的汽油和柴油都依赖进口。为了扭转这种形势，国家于 1961 年决定尽快开展流化催化裂化技术的自主设计与制造，这项任务落到了当时抚顺炼油厂的工程师手里，领头人为陈俊武。

当时，使用分子筛催化剂和提升管反应器的流化催化裂化是先进的主流技术，世界上各大炼油国都对该技术进行严格的封锁，我国没有任何先进的资料和经验可以参考，同时国内也没有足够的物资保障。就在技术研发陷入僵局的时刻，国家科委经过长时间讨论，在 1962 年 6 月决定派遣一支由石油工业部和机械工业部专家组成的 8 人考察团，前往古巴考察催化裂化技术。陈俊武被选为考察团队的一员，他深知此行肩负的使命重大。

9 月 12 日，陈俊武跟随考察团队从北京启程，经过苏联、捷克等国，终于在 9 月 21 日抵达古巴首都哈瓦那。虽然一路上异国风情让人感叹，但他们心中始终紧绷着一根弦，因为此行的目的并非旅游，而是为中国炼油技术学习宝贵的经验和技术。

>>> 五位当年（1962 年至 1963 年）共同赴古巴考察的战友（左起）李树钧、陈俊武、戴家齐、杜克勤和何宇 1984 年相聚洛阳

他们来到哈瓦那，便马不停蹄地与当地炼油厂进行对接。古巴方面的热情接待让考察团感到欣慰，但他们也明白，炼油的关键技术不会轻易交流。陈俊武依靠其丰富的炼油技术知识，凭借着流利的英语，与古巴技术人员多次展开深入交流。每一次技术交流都需要抓住对方不经意透露的信息，以补充他们未能公开的关键技术信息。考察团细心观察工厂的每一处

设施，认真记录下每一条重要的管线和设备的参数，甚至连细微的操作流程也不放过，拼凑的技术图景也越来越清晰。

在资料的收集过程中，陈俊武和团队成员必须应对严格的时间限制。许多技术资料只能在特定地点短时间借阅，无法外借，他们常常在短短数小时内迅速阅读并记录关键信息。学习负担之重，精神压力之大，令考察团的每个人都绷紧了神经。

然而，就在考察进行得如火如荼时，国际局势骤然紧张。1962 年 10 月，美苏之间的“加勒比导弹危机”爆发，古巴成为美苏对峙的焦点。随着美国宣布对古巴实施海上封锁，哈瓦那街头的气氛变得异常紧张，民众开始备战，军队也严阵以待。考察团的成员们经常可以看到航行在远处海面上的美国军舰，这让他们时刻感受到战争阴云的压迫。

尽管局势险恶，但陈俊武和团队没有被吓倒。他们继续坚持考察和学习，毫不放松。为了确保考察不留任何死角，他们几乎放弃了所有的娱乐与休息，每天十几个小时地投入到高强度的工作中。陈俊武深知，自己肩上的责任不仅关乎团队的安危，更关系到整个国家石油炼制工业的未来。

>>>1962 年 9 月至 1963 年 2 月，陈俊武赴古巴考察流化催化裂化的部分笔记本

1963 年 2 月，半年的考察任务最终完成。陈俊武行李箱里装满了宝贵的技术资料和密密麻麻的笔记，没有携带任何海外产品和当地特产回国。这些资料和笔记记录了催化裂化装置的详细数据，以及考察中的每一个关键时刻，承载了陈俊武和考察团数月的努力和心血。

在回国的航班上，陈俊武看着手中厚厚的笔记本，心中充满了自豪。他知道，这些珍贵的技术资料将为中国炼油工业带来一场革命性飞跃。当他最终登上飞机舷梯，回首这一段跨越数千公里的考察历程时，陈俊武内心充满了对未来的坚定信念。

回国后，陈俊武与同事们怀揣着强烈的使命感与责任感，立即投身于紧张且艰苦卓绝的工作中。1965 年，他们成功地完成了中国首套流化催化裂化装置的设计，并在抚顺石油二厂建成了产能 60 万吨 / 年的工业装置。当催化裂化装置成功生产出清澈的油品时，陈俊武和在场的所有人热泪盈眶，激动之情难以言表。

>>>1965 年，陈俊武（右三）与设计人员在抚顺石油二厂中国第一套流化催化裂化装置前合影

一杯热水引发的灵感：MIP 技术诞生

进入 21 世纪，随着汽车数量的急剧增加，尾气排放对空气质量的影响越来越受到重视。烯烃作为汽油中的主要成分之一，是一种不饱和烃，具有较高的化学活性，安定性较差，会在发动机的进气阀和燃烧室中生成沉积物，堵塞发动机喷嘴，影响发动机性能和车辆的使用寿命，还会增大尾气排放。

为应对汽车尾气排放对环境的影响，国家相继出台了系列汽油质量标准，要求逐渐降低汽油中的烯烃含量。在我国商品汽油调和池中，催化裂化汽油占比很高；然而，催化裂化汽油中的烯烃含量很高，远超汽油质量标准的限制。如何在保证汽油产量的同时，有效降低烯烃含量，成为炼油行业亟待解决的技术难题。研究人员开始设想，能否在催化裂化过程中调整烃类的反应历程，降低汽油中的烯烃含量，同时将其转化为汽油的理想组分异构烷烃呢？

催化裂化反应器为一根细长的管子（名叫提升管），重质原料油需要在高温和短时间的条件下发生催化裂化反应，生成汽油和柴油等产品。然而，汽油中的烯烃转化为异构烷烃的异构化和氢转移反应，则需要较低的温度和较长的时间。在一个反应器中同时进行两种反应，但两种反应的条件差异显著，如何解决该矛盾就成了技术开发的关键。

对此，中国石化石油化工科学研究院（简称石科院）的许友好教授想到了分段反应的方法，即在提升管的下部先进行重油的催化裂化反应，然后在提升管的中上部实现烯烃产物的氢转移和异构化反应。这样一来，如何在提升管中间迅速降低温度和延长反应时间的问题随即到来。一天下午，许友好开完汇报大会回到办公室，感觉口渴难耐，随手将水壶中的水倒入水杯中，然而水太烫无法饮用，这时他本能地将另一个水杯中的半杯冷水倒入热水杯中，一饮而下。这时，一个想法在他脑中浮现，既然热水中加入冷水即可降温，那高温的催化裂化反应器加入冷介质，不就实现反应器降温的目的了吗！有了这个想法，他随即开展理论论证和实验验证，那么冷介质选择什么呢？低温的油料、催化剂、水，还是蒸汽？经过再三考虑，他选择了低温的催化剂，不仅降低了反应器的温度，还能补充烯烃反应所需的催化剂。

还剩下延长反应时间的问题，许友好首先想到的方式就是增大提升管的高度，可是提升管本来就已经很高，再加高会给装置的工程安装和运行带来困扰。面对这一问题，许友好又巧妙地想到了在第二反应区间增大提升器直径的方法，即将反应器设计成下段细、中段粗、上段细的形状。

经过一系列实验，多产异构烷烃催化裂化技术（MIP）最终开发完成，形成了具有我国自主知识产权的成套工艺技术。MIP技术入选美国《烃加工炼油技术手册》，被列入世界石油炼制界65年250项重要技术之一；在世界三大石油公司著名专家主编的《石油加工手册》中，MIP技术也被列为流化催化裂化工艺70年开发历程中的25项重大发明之一。

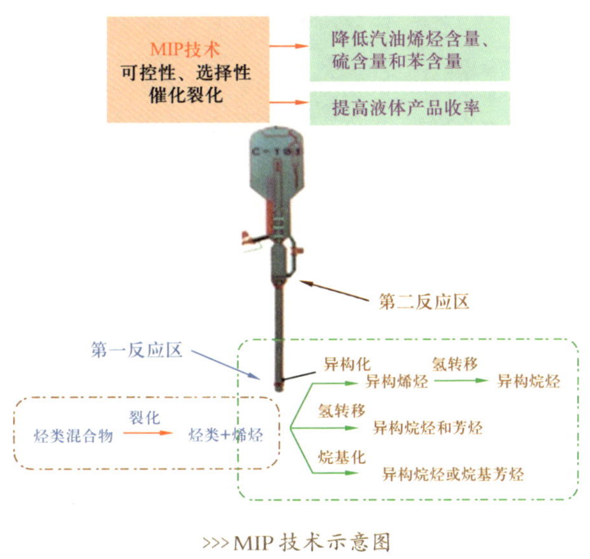

>>>MIP技术示意图

MIP 技术于 2002 年首次在上海高桥石化进行工业应用，取得成功。截至 2022 年底，仅 MIP 技术就由专利许可方式应用到 77 套装置，许可收入约 6.2 亿元；9 套装置在建，运转 68 套装置的加工量约每年达到 1.2 亿吨，占全国催化裂化装置总量的 74.5%；20 年累计加工原油约 12 亿吨，生产汽油量约 6 亿吨，新增利润 1800 亿元。此外，先进的技术路线减少了脱硫时辛烷值损失所获新增利润约 800 亿元。最主要的，它成功降低了汽车污染物排放量，仅二氧化碳排放每年就减少百万吨以上。20 年间，MIP 技术像一棵成熟的参天大树，结出众多沉甸甸的硕果。

>>> 高桥石化 3 号催化装置 MIP 技术改造开工一次成功

加速油品质量升级的加氢技术

>>>镇海炼化柴油加氢运行装置

伴随清洁油品质量标准的提升和企业炼化一体化的发展要求，加氢在炼油企业的重要性逐步增大，加氢的深度和广度不断加大。与此同时，随着技术的进步，特别是设备制造水平和自动控制水平的提升，加氢装置的潜在危险性得到了有效控制。加氢技术在炼油企业的应用也逐渐增多。如今，加氢技术在众多炼油过程中被广泛应用，如加氢裂化、加氢处理、加氢精制、加氢改质、临氢异构等。其中，加氢裂化可以将重质原料转化为汽油、煤油、柴油等轻质油品，是非常重要的加氢过程。

早在20世纪初，德国就成功开发了加氢裂化技术，并于20年代实现了工业化，主要用于煤浆或煤焦油的加工。20世纪50年代，为提升重质原料的加工利用效率，石油公司借鉴煤高压加氢液化技术，陆续开发了各自的加氢裂化工艺技术。1959年，美国雪佛龙公司推出了蜡油加氢裂化技术，建成了首套蜡油加氢裂化装置。20世纪60年代末，加氢裂化技术进入快速发展期，高活性沸石催化剂的应用促进了加氢裂化工艺的升级。随着对优质柴油和航空煤油需求的增加，加氢裂化在20世纪70年代后期再次获得大发展。

我国对加氢裂化技术的研究和应用相对偏晚。1964 年，石油工业部领导作出了“迎头赶上世界先进炼油技术水平，迅速掌握近代加氢裂化新工艺”的指示。时任石油工业部副部长张定一带领团队仅用了两年多时间，于 1966 年在大庆石油化工总厂建成了 40 万吨 / 年加氢裂化联合装置，生产航空煤油和低凝点柴油，这是我国炼油技术史上的一个里程碑。

20 世纪 70 年代末，我国引进了 4 套加氢裂化装置，第一批催化剂是随装置进口而来，但总有更换的时候，以后的催化剂怎么办？如果从国外买，将难以承受高昂的价格和大量的外汇花费。中方人员同外商谈判时提出能否把价格降低一些，一位外商不无鄙夷地说：“你们要便宜货，可以去‘跳蚤市场’买，我们大公司没有便宜的东西！”

外商的傲慢狠狠刺痛了中方人员的心，国家决定开发新型加氢裂化催化剂，以打破外国的垄断，于是将任务交给了抚顺石油化工研究院的胡永康及其团队。轻油型加氢裂化催化剂的研制，是一个艰苦的过程，当时既缺少相关资料，又没有现成样品。胡永康和团队内的几个人在狭小漆黑的屋子里，拿着胶片，一张张在放大镜下阅读。“那会也没电脑，我们只能一页一页找，拿本子记录下来，继续再找。”胡永康说，“屋子小，资料多，天又热，不通气，大家热得汗流浃背，就去外面站会，外面都比屋里凉快！”经过大家的努力，通过综合分析，提出了初步试验方案。利用以前研制其他催化剂的经验，进行了多次的探索试验。

>>>2001 年 1 月，胡永康在抚顺石油化工研究院加氢催化剂活性评价实验厂

那时候，在他们的时间表上，除了催化剂还是催化剂，整天考虑的就是挤条、成型、干燥、焙烧、浸渍。经过无数次试验对比，终于确定了加氢裂化催化剂的制备工艺条件，解决了高沸石含量催化剂强度差等难题。

功夫不负有心人，经实验室小试和中型装置评价表明：所研发加氢裂化催化剂的活性、选择性和稳定性均达到国外同类催化剂的先进水平，并于 1991 年首次在一套 90 万吨 / 年高压加氢裂化装置成功应用。而后，胡永康和他的团队又成功研发出了高活性中油型加氢裂化催化剂。

除加氢裂化外，加氢精制也是重要的加氢过程，其中催化剂研发是加氢精制技术开发的关键。20 世纪 80 年代，国内炼油工业主要加工大庆原油，而大庆原油以氮含量高著称，这与国际市场上绝大多数原油的低氮含量有着很大不同。加氢精制催化剂往往显酸性，而高氮含量的大庆原油容易导致酸性催化剂失去活性，因此需要特殊的加氢精制催化剂，以克服原料高氮含量的影响。石科院领导再三斟酌，把探索研究的艰巨任务交给了李大东和他的团队。

>>> 李大东在石科院的工作照片（前排中间）

李大东他们刚接到任务时，也同样感到生疏和茫然。他们想起当初的副院长、著名催化剂专家闵恩泽的一句话：广取博采他人之长，以形成自己创新的思路。为此，他们跑遍了图书馆、资料室，一头扎进资料堆里，光笔记就记了 10 多本，通过对所获材料一次次消化、分析、深入研究，对加氢裂化催化剂的研究从生疏到精通，并结合国情，逐步形成了创新的思路。RN-1 催化剂在实验室研制出来了，之后还要进行工业放大试验，与生产厂共同解决和优化放大中的技术和工程难题。

1987 年 4 月，李大东等来到广州石化总厂进行工业应用试验。要出结果的那天夜里，他们都没有睡觉。凌晨四点多，车间值班的同事拨通了楼道里的公共电话，在房间里坐卧不安的李大东听到急促的电话铃声，一个箭步冲出房间，拿起话筒，当电话里传来“我们的那个数据已达到标准，比预计的还好”时，李大东激动的眼泪已溢满眼眶。他说：“这句话是我一生中听到的最美的语言，也是我一生中所得到的最高赞誉。”

证 书

获奖项目：RN-1 加氢精制催化剂及工艺

获奖单位：石化总公司石油化工科学研究院 等

奖励等级：一 等

奖励日期：一九九一年十一月

证 书 号：化-1-001-01

国家科学技术进步奖
评审委员会

>>> “RN-1加氢精制催化剂及工艺”获 1991 年度国家科学技术进步奖一等奖

“RN-1 加氢精制催化剂及工艺”获得 1991 年度国家科学技术进步奖一等奖。RN-1 催化剂于 1994 年首批出口国外，被意大利埃尼石油公司采用，标志着中国炼油催化剂首次成功打入西方发达国家市场，为我国炼油催化剂在国际舞台上赢得了重要地位。

今天，随着加氢裂化、加氢精制等加氢技术的广泛应用，炼油厂已经实现了“氢满炼厂”的愿景。这不仅提高了宝贵石油资源的利用效率，还大幅减少了污染物的排放，为炼油行业绿色发展贡献了力量。

告别“白重整”

催化重整是炼油领域的一个重要加工过程，但在很长一段时间里都被称为“白重整”，这是什么原因呢？原来，催化重整的目的是生产高辛烷值的汽油，但是在新中国成立之初到改革开放前，汽车还没有大规模普及，已有汽车发动机的压缩比也较低，所以对汽油的辛烷值要求不高。并且当时有更加廉价的抗爆剂——四乙基铅，汽油中添加微量的四乙基铅，就能大幅提升汽油的辛烷值，达到汽车发动机对燃料的要求。若应用催化重整生产高辛烷值的重整油，再将其调入汽油中提高辛烷值，则费时费力，效益不大。再加上重整催化剂的活性组分为贵金属铂，“铂”字不好辨认，被很多人误读为“白”的发音，便有了“白重整”之名。

知识链接

催化重整

催化重整是石油炼制的重要工艺之一，主要用于将石脑油转化成富含芳烃的重整生成油，并副产氢气。

发动机压缩比

发动机压缩比表示活塞由下止点运动到上止点时，气缸气体被压缩的程度。压缩比越高，发动机动力性能越好，所需汽油的辛烷值越高。

20 世纪 40 年代，德国率先建成采用氧化钼为催化剂的催化重整工业装置，然而，由于催化剂活性有限且装置复杂，这种技术逐渐被淘汰。1949 年，美国环球油品公司（UOP）推出了以贵金属铂为催化剂的重整工艺，并在密歇根州成功建成了首套工业装置，这是催化重整技术的一个重要转折点。

我国炼油人未雨绸缪，也决定跟随世界的发展脚步，发展铂重整技术。该项任务便落到了位于大连的东北科学研究所手里，接到任务之后，所里的同志潜心钻研，在借鉴国外经验的基础上，加上自己的创造，在短短的一年半时间内就写出了 15 篇重要论文，成为中国催化重整的奠基之作。后来北京石油炼制所成立后，继续进行铂重整中试放大试验，也很成功。1965 年，我国自行研究、设计、建设的第一套年产 10 万吨半再生催化重整在大庆炼油厂投产，使用国产第一代铂 / 氧化铝催化剂，标志着我国在催化重整领域的突破。1969 年，铂铼双金属催化剂的引入更是提升了催化重整的效率，它增强了重整反应的深度，显著提高了汽油、芳烃和氢气等重要产品的收率，从而将催化重整技术推向了一个全新的高度。

知识链接

连续重整

连续重整技术是一种重整反应采用移动床反应器、具备催化剂连续再生系统的催化重整工艺。在正常操作条件下，连续重整技术中的催化剂可以在反应和再生系统中连续地循环流动，把因结焦而失活的重整催化剂从反应区连续输送至再生系统，经再生系统转化为新鲜催化剂后循环输送至反应区，实现连续生产。

此后，我国催化重整技术不断进步，1990 年成功投产了高或低铼铂比重整催化剂两段装填工艺，2002 年自行研发、设计和建设的 50 万吨 / 年低压组合床催化重整装置在长岭炼油厂工业应用。虽然我国的催化重整技术在一步一个脚印地稳步发展，但总体上仍旧落后于国外发达国家，那时的国外，已经拥有了效率更高的连续重整技术。

在意识到连续重整技术的优越性之后，中国石化工程建设有限公司（SEI）从 1998 年起，先后与石科院、清华大学、中国石油大学（北京）等联合攻关，开展连续重整的试验研究，并创造性地提出逆流连续重整的方案。

作为牵头单位，SEI 在逆流连续重整技术试验研究阶段与高校院所进行了一系列工程技术开发，包括独特的催化剂循环流程和催化剂再生

知识链接

传统的连续重整工艺

传统的连续重整工艺属于“顺流”工艺，即反应物和催化剂的流动方向一致，催化剂和反应物从第一反应器顺序流至第四反应器。顺流工艺的优点是设计和操作简单，缺点是易反应物料先与高活性催化剂接触，反应速率很快，温度下降迅速，而难反应物料与低活性催化剂接触，反应速率慢。与之相反，若采用逆流连续重整，高活性催化剂先与难反应的烃类接触，随着反应进行，催化剂活性逐渐下降，而接触到的烃类反应活性逐渐增大，所以总体效果更好。

流程，安全、精准、可靠的控制系统，分布性能更优、“死区”更少的重整反应器，可节省钢材用量 20% 以上的重整反应炉，低温热回收利用技术等，形成了具有鲜明技术特色和优势的成套逆流连续重整工艺技术。

面对国外技术封锁，逆流连续重整技术在开发之初面临诸多困难。调整催化剂流动方向，带来的是反应规律的深刻变化，必须通过试验进行可行性验证。但当时，国内没有移动床反应实验装置。

传统技术
- 反应物料与催化剂在反应器间同向流动
- 反应难易程度与催化剂活性状态不匹配

一反
二反
三反
四反
再生器
反应进料
反应产物
环烷脱氢
环烷脱氢 异构化
烷烃环化脱氢 异构化
烷烃环化脱氢 加氢裂化
易
难

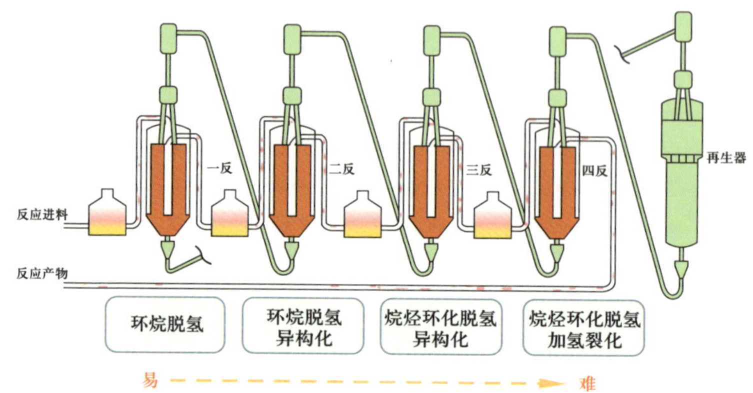

>>>传统连续重整工艺与逆流连续重整工艺示意图

为解决这一难题，石科院研发团队采用“曹冲称象”的方法，提出将固定床多反应器装填不同碳含量催化剂的试验方案，利用固定床反应器成功模拟出逆流移动床的反应效果。在此基础上，研发团队系统研究了原料中典型组分的转化规律及催化剂的积炭失活规律，用真实可靠的试验数据证明了逆流连续重整工艺的可行性。

>>>石科院研发团队讨论实验方案

2009 年 12 月，SEI 完成 60 万吨 / 年逆流连续重整工艺包开发；2011 年 11 月，在济南炼化启动工业化试验；2013 年 9 月，济南炼化 60 万吨 / 年逆流移动床连续重整装置及系统配套工程建成投产，标志着逆流连续重整技术开发应用成功，实现“从0到1”的突破。

截至2023年，中国石化逆流连续重整技术获授权专利38件，推广应用7套，得到业界和市场的高度认可，不仅在中国石化济南炼化、沧州炼化、燕山石化、海南炼化等企业大显身手，而且在中国海油泰州石化、惠州石化，中化集团泉州石化等业内龙头企业应用，总加工能力达到950万吨/年。

该技术显著提升了我国连续重整技术水平和竞争力，推动了炼油化工行业的进步，带动了装备制造业发展，提升了降碳水平，获得显著的经济效益和社会效益，实现了一项重要基础工艺的高水平科技自立自强。

>>>济南炼化60万吨/年逆流连续重整装置

>>>海南炼化逆流连续重整装置

离子液体：成就高品质汽油的神秘度

2019 年 3 月，位于我国江西省九江市的中国石化九江石化成功生产出了一种清澈、干净的油品。这种油品看上去像水一样，无色透亮，引得全厂上下敲锣打鼓，热烈庆祝。这究竟是一种什么油品，会引发如此大的反响呢？原来，这是烷基化汽油，一种高品质汽油不可缺少的调和原料。

>>> 中国石化九江石化庆祝离子液体烷基化装置开车成功（九江石化提供）

品质这么好的烷基化汽油，是如何生产出来的呢？早在 20 世纪 30 年代至 40 年代，英国石油公司和美国环球油品公司就分别以浓硫酸和氢氟酸作为催化剂，生产出了烷基化汽油，相应的生产技术一直发展至今。但是，浓硫酸和氢氟酸这两种催化剂都具有很强的腐蚀性，氢氟酸还具有较强的毒性，致使这两种技术的发展受到严重限制，很长时间没有获得理想的结果。所以，研发安全环保的烷基化催化剂，实现产品和工艺过程的双绿色化，一直是炼油界的迫切追求。

>>>烷基化汽油

知识链接

烷基化

烷基化，也称为碳四烷基化，是一种用液化石油气来生产高品质的清洁汽油的石油炼制过程。

离子液体

离子液体，指由阴、阳离子组成且100℃以下呈液态的盐，可以用作催化剂来催化碳四烷基化反应。

1999年7月，刚获得博士学位的刘植昌来到中国石油大学（北京），加入重质油加工国家重点实验室的研究队伍，开展碳四烷基化新型催化剂的研发工作。但前期的研究并不顺利，在一筹莫展之际，他和徐春明在2000年的一次学术交流活动中，偶然听到了“离子液体”这个词。这种新的化学物质引起了他们的兴趣，认识到这或许是研发烷基化新型催化剂的机遇。

说干就干，接下来，他们带领研究团队调研离子液体的研究情况，并尝试合成出了多种含铝元素的离子液体，发现能够催化碳四烷基化反应生成汽油，但是汽油的品质并不好。文献调研发现，法国石油研究院也开展了相关研究。该院专家发现，向含铝的离子液体中加入金属盐，能够提升烷基化汽油的品质，但相比于浓硫酸和氢氟酸的催化效果仍有较大差距。同时，金属盐在含铝离子液体中的溶解性能不好，加少了，对催化效果改进不大；而加多了，溶解不了的金属盐会与离子液体形成悬浊液，会给工程放大带来新的问题。刘植昌等人认识到，如何有效提高金属盐在离子液体中的溶解就成了一个关键问题。

偶然间的一个周末，刘植昌用含有酒精的湿纸巾清理沾油的实验台时，灵光乍现，他思考，因为油与水不互溶，所以用水不易将油擦拭干净；但是油在酒精中具有一定的溶解度，且酒精能与水完全互溶，所以可以用含酒精的水擦洗油污。他由此想到了金属盐在离子液体中的溶解，如果能够找到一种物质，既能溶解金属盐，又能和离子液体互溶，那么不就找到了让金属盐更好地溶入离子液体的方法吗！第二天，他就带领团队按照这个思路制备离子液体，经过了很多次的尝试，终于找到了一种烃类，可以显著提升金属盐在离子液体中的溶解量。用这些新合成的离子液体催化碳四烷基化，发现使用同时含有铝和铜两种金属元素的离子液体，得到汽油的品质非常好，远优于浓硫酸和氢氟酸催化剂的效果。

徐春明代表实验室向中国石油天然气集团公司（简称中国石油）汇报了新型离子液体催化碳四烷基化的效果，很快就得到了中国石油的大力支持，资助建设了 20 吨 / 年的中试试验装置，开展工程放大研究。中试试验完美重现了实验室的小试研究结果，生产出了品质很高的烷基化汽油。中国石油决定给予更大的支持，2005 年，在兰州石化的浓硫酸法烷基化装置上进行工业侧线试验。试验的前 3 天，生产出了品质优异的烷基化汽油。然而遗憾的是，到了第 4 天，烷基化汽油的品质持续下降。到第 7 天，工业侧线试验被迫停止。虽然工业侧线试验失败了，但是却发现了技术放大过程中的问题——催化剂的失活和体系中固渣的生成。

失败乃成功之母。既然找到了问题所在，那就想方设法解决。之后，研究团队夜以继日，探究了离子液体催化剂的失活机理，进而有针对性地开发出了催化剂再生方案；提出了新型的离子液体催化活性监测方法，及时掌握催化剂的活性状态；找到了反应过程中生成固渣的原因，给出了相应的解

>>>合成的离子液体催化剂

决办法。进一步开展了2个月的中试试验，验证了上述问题解决方案的可行性。结合新型的烷基化反应器、反应后催化剂和油的快速分离设备，形成了具有独立知识产权的离子液体烷基化新技术。

2011年，山东德阳化工有限公司在了解到中国石油大学（北京）拥有安全环保的离子液体烷基化技术之后，主动联系学校合作建设世界首套离子液体烷基化工业装置。2013年8月，10万吨/年离子液体烷基化工业装置建成并顺利投产，不仅生产出了品质优异的烷基化汽油，而且完美解决了2005年在兰州石化进行工业侧线试验时发现的问题，实现了装置的长周期平稳运行。

2014年和2016年，中国石油和化学工业联合会组织专家对这套工业装置进行了两次考核，专家给出了很高的评价，认为该原创技术整体达到国际领先水平。而在国外，直到2021年，美国雪佛龙公司和环球油品公司才有离子液体烷基化工业装置的报道。我国的离子液体烷基化技术领先国外约8年的时间。

>>> 山东德阳化工有限公司的离子液体烷基化装置

日新月异

燃料的变迁与发展

京Ⅳ汽油、船用燃料油、航空燃料、生物燃料……在丰富的技术细节和真实的案例背后，凸显了科技创新在提升产业竞争力、推动环保进程中所发挥的关键作用，彰显了中国在燃料领域的持续突破与前瞻性布局。

Petroleum Stories

汽油质量升级的“三级跳”

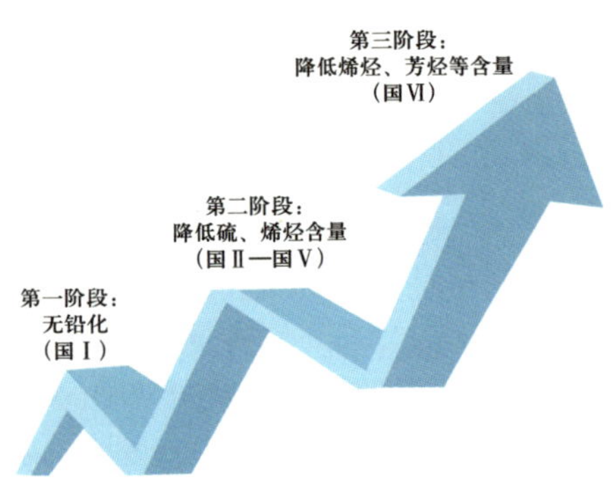

>>>我国车用汽油质量升级的三个阶段

知识链接

辛烷值

辛烷值是衡量汽油在发动机中燃烧性能的关键指标。辛烷值包括研究法辛烷值和马达法辛烷值等，其中研究法辛烷值表征车用汽油的商品牌号。比如，在加油站看到的95号汽油，指的是汽油的研究法辛烷值不小于95。

我国车用汽油的质量标准是全球最严格的标准之一，但它的制订与实施并非一蹴而就。从2000年的无铅化到2019年国Ⅵ质量标准的实施，经历三次大的飞跃，写就一段管理、生产、科技与环保共同奋进发展的历史。

在过去很长一段时间，人们并不清楚铅会对身体带来致命的毒害。曾几何时，汽油中添加四乙基铅是提高汽油辛烷值、改善汽油在发动机内燃烧性能的常见做法。20世纪60年代，美国地质学家帕特森指出，汽车尾气是大气中铅污染的主要来源之一，并展示了铅对环境和人类健康的潜在危害，从而催生了新的汽油抗爆剂，主要是含锰、铁等金属的有机化合物。但是这些新的含金属抗爆剂在燃烧后会生成金属氧化物微小颗粒，也会污染空气，因此国家在汽油中对其添加做出了严格限制，甚至不允许人为添加。汽油无铅，是中国汽油质量升级的第一次质的飞跃。

从汽油质量升级的技术内涵看，硫含量、烯烃含量和芳烃含量是升级的重点指标。纵观我国车用汽油主要质量标准的演变过程，硫含量的降低幅度尤为显著，从国Ⅱ质量标准的800毫克/千克逐步降至国Ⅴ质量标准的10毫克/千克。

为什么要如此大幅度地降低汽油中的硫含量呢？汽油中含有的硫元素，在燃烧过程中会生成二氧化硫，这是导致酸雨和大气污染的重要元凶之一。二氧化硫对机动车尾气排放污染的贡献极大，成为$PM_{2.5}$污染的重要来源。好在汽油中硫含量降低后，尾气排放中的二氧化硫含量相应减少，同时，尾气中一氧化碳和氮氧化物等有害气体的排放也会随之减少。

国际上普遍采用的尾气排放管理方法是通过严格限制燃油中的硫含量来降低污染。汽油中硫含量越低，油品质量越高，尾气排放就会越清洁。那汽油中的硫含量能降低到零吗？理论上来说是可以的，但是这需要炼油技术的持续进步，且需要花费极大的代价才能实现。将汽油质量标准中硫含量指标由现行的10毫克/千克进一步减小，汽油生产成本将会有较大幅度的提升。这也是各国汽油质量标准中硫含量指标没有进一步减小的原因。当然，随着炼油技术的进步和环保要求的提升，汽油中硫含量指标在今后也有进一步减小的可能性。

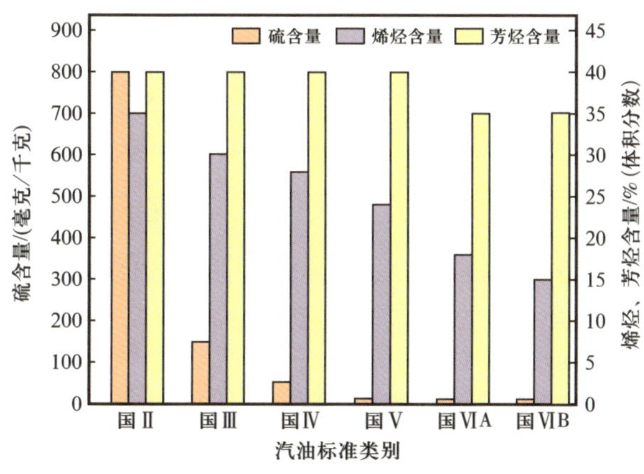

>>>我国车用汽油主要质量标准示意图

在我国车用汽油主要质量标准的演变过程中，烯烃含量是另外一个变化明显的指标，从国Ⅱ质量标准的35%逐步降至国ⅥB质量标准的15%。烯烃的化学性质较为活泼，安定性差，与空气接触易生成胶状沉淀，会大幅增加发动机进油系统和喷嘴堵塞以及燃烧室积炭的风险，影响发动机的正常工作，进而增加尾气中污染物的排放。这也是汽油降低烯烃含量的原因。

受炼油工艺整体结构的影响，我国车用汽油的主要调和组分来源于催化裂化汽油，占比约70%。然而，催化裂化汽油的硫含量和烯烃含量均很高，传统的催化加氢脱硫技术在脱硫的同时会导致大量烯烃饱和，进而引起汽油辛烷值的大幅损失。为解决这一技术难题，中国炼油界的科研工作者前赴后继地开展研究，开发出了多个催化裂化汽油脱硫降烯技术，如中国石化研发的MIP系列降烯烃技术与S-Zorb脱硫技术，中国石油研发的选择性加氢脱硫技术、加氢脱硫—汽油改质组合技术，中国石油大学（北京）研发的降烯烃技术、选择性加氢脱硫技术、关键组分定向分离技术等。这些清洁汽油生产技术被广泛应用于炼油企业，成功解决了催化裂化汽油硫含量和烯烃含量双高的难题，共同助力中国汽油质量的提升。

我国车用汽油质量标准升级历程以无铅化为起点，逐步推进到硫含量的降低，最后到烯烃和芳烃含量的严格控制，这一步步的跨越，都凝聚着无数炼油工作者的智慧与汗水。每一个目标背后，都经历了无数次的试验与挫败，以及不懈的坚持与重复。十多年风雨兼程，万千人刻苦攻关，我国用不到20年的时间走完了西方国家几十年才完成的汽油质量升级之路。汽油质量的“快速多级跳跃”，成为贯穿中国炼油行业绿色发展之路的一条亮丽主线。

为奥运加油——京Ⅳ汽油来了

在一间装饰典雅的接待室内，几位来自国外的媒体记者正与北京奥运会申请团成员讨论关于北京空气质量的报道。报道指出，近年来北京市的空气质量令人担忧，引发了外界对奥运会期间运动员成绩可能受影响的质疑。这些报道迅速引起了广泛关注，令北京市政府感受到巨大的压力，政府当即承诺：在 2008 年奥运会期间，北京将执行与欧Ⅳ汽油质量标准相当的规定，以确保为奥运健儿提供理想的比赛环境。

随着北京奥运会的临近，北京市启动了“蓝天工程”，全力改善空气质量。与此同时，中国炼油业也开始了京Ⅳ汽油研发工作。

京Ⅳ汽油质量标准的硫含量为不超过 50 毫克 / 千克，与欧Ⅳ汽油质量标准的要求相同。尽管炼油企业可以使用低硫、低烯烃含量的重整油和烷基化油来调制符合京Ⅳ标准的车用汽油，但这会显著提高汽油的生产成本。相比之下，以催化裂化汽油为基础进行调和是更加经济可行的方案。然而，催化裂化汽油的硫含量和烯烃含量远高于标准要求，并且当时的脱硫技术均不同程度地存在辛烷值损失过大的问题。那么，这一系列的难题如何得到有效解决呢？

为应对这一挑战，国内炼油企业和科研机构展开了大量的研究，开发了一系列适合中国清洁汽油生产的加氢技术，主要有中国石油开发的选择性加氢脱硫技术、加氢脱硫—汽油改质组合技术，中国石化开发的加氢异构脱硫降烯烃技术、选择性加氢脱硫技术、吸附脱硫技术等。

中国石油大学（北京）开发的催化裂化汽油加氢改质技术，采用加氢预处理—汽油轻重馏分切割—重汽油选择性加氢脱硫—辛烷值恢复的技术路线，在选择性加氢脱硫的基础上耦合异构化和芳构化反应，减少甚至不造成汽油辛烷值的损失。

>>> 大连石化 20 万吨 / 年催化裂化汽油加氢改质装置

为推进该技术的工业化应用，中国石油大连石化于 2007 年 5 月建成了一套规模为 20 万吨 / 年的催化裂化汽油加氢改质工业装置。为确保项目的顺利进行和技术上的精准落实，成立了两个关键团队：一个是中国石油技术专家门存贵领导的技术支持组；另一个是由大连石化副总经理焦玉瑞为首的现场指挥组。项目开工以来，年近古稀的门存贵不惧疲劳地检查装置的每一个角落，密切关注每一项细节，还经常抽出时间与基层技术人员及操作工人详细交流，讨论装置的操作难点与技巧。

在开工过程中，面临最棘手的问题之一是如何控制催化剂的升温过程。2007 年 9 月 23 日晚上，当反应器的温度接近反应过程中的剧烈温度阶段时，团队的紧张情绪达到了顶点。从晚上 10 点直至次日早晨 8 点，门存贵一直坐在操作室计算机屏幕前，紧盯着反应温度的变化。他不仅认真记录数据，还进行了深入的计算分析，确保每一步升温操作都稳妥进行。

24 日清晨 6 点半，突如其来的紧急情况打破了平静：反应器床层温度意外超出设计指标。装置主任程驰立刻发出了警告：“超温了，大家注意！”门存贵毫不犹豫地指示：“好，按预案处理。”紧接着，程驰冷静发出一连串紧急指令，操作室内外的人员迅速响应，一丝不苟地执行着紧急措施，外操应急人员更是快速赶往现场，但装置的温度变化最终还是导致了个别设备法兰接口的泄漏，装置初步运行试验遭遇挫折。此后，团队经过反复分析，找到并解决了升温过程的稳定性问题。

2007 年 12 月，成功调和出符合京Ⅳ质量标准的 97 号汽油，大家都洋溢出胜利的笑容。这不仅仅是一项技术的成功，更是炼油业助力实现绿色奥运的实践。催化裂化汽油加氢改质技术的成功研发，为全球瞩目的 2008 年北京奥运会期间蓝天白云的美好环境做出了贡献，同时也在中国车用汽油的清洁化发展和城市空气质量的改善中发挥了重要作用。

>>> 大连石化成为奥运京Ⅳ标准油品的专供单位

定向分离技术让汽油更洁净

在催化裂化汽油脱硫降烯烃技术中，关键组分定向分离技术具有其特殊性。在碳达峰碳中和背景下，我国的能源结构在逐步调整，“炼化一体化”和“减油增化”成为炼油企业的发展趋势。而关键组分定向分离技术可从催化裂化汽油中分离出部分烯烃，用于生产化工原料，并适当降低汽油的产率，符合行业的发展趋势。

中国石油大学（北京）有一支长期致力于清洁油品生产的研究团队，催化裂化汽油关键组分定向分离技术的研发便是他们近年来取得的一个重要突破。这项技术的核心理念是“分出烯、富集硫”，以实现催化裂化汽油中各组分的最优利用。通过对催化裂化汽油组分深入分子层次的分析发现，烯烃与硫化物具有不同的分布规律，可以利用这个差异分步实现烯烃的分离与硫化物的富集。分离出的烯烃不仅降低了汽油的烯烃含量，满足了标准要求，还可以作为原料，通过特定的化学加工过程，转化为更有价值的化学品，为炼化一体化技术的应用提供原料基础。

这一想法听上去似乎很简单，但是要实现却不是容易的事情。通过工业上最常见的蒸馏技术，可以根据烯烃和硫化物的分布差异把想要分离的那一段催化裂化汽油取出来，但是取出的这一段汽油馏分中，仍然包含着大量烯烃、烷烃、芳烃和硫化物。理想的途径是通过萃取的方法把烯烃和烷烃分在一拨，硫化物和芳烃分在一拨，这样就可以很方便地利用现有技术实现“分出烯、富集硫”的目的了。但是，这个途径最大的困难是烯烃难分离。烯烃与烷烃、芳烃的溶解度差异没有那么大，换句话说，烯烃有可能跑去烷烃一边，也有可能跑去芳烃一边，怎么精准地分离烯烃，并将其转化为可行的技术，成为研究团队面临的首个难题。

知识链接

萃取

萃取，又称溶剂萃取或液液萃取，也称抽提，是利用系统中组分在溶剂中有不同的溶解度来分离混合物的单元操作，即是利用物质在两种互不相溶（或微溶）的溶剂中溶解度或分配系数的不同，使溶质物质从一种溶剂内转移到另外一种溶剂中的方法。萃取被广泛应用于化学、冶金、食品等工业，也用于石油炼制工业。

就在研究团队一筹莫展之时，一部关于豆腐制作的纪录片让团队领军人物高金森教授有了灵感。豆腐是由豆浆制成的，豆浆从化学角度来说就是大豆蛋白的水溶液，豆腐的制作便是将豆浆中的大豆蛋白提取出来。其中最为关键的步骤是向豆浆中添加卤水，放置一会儿，让大豆蛋白自然析出。其原理是卤水与大豆蛋白结合后降低了大豆蛋白在水中的溶解度。如果将“大豆蛋白”视为烯烃，那么催化裂化汽油就是“豆浆”。如果找到相应的卤水，降低烯烃的溶解程度，那么烯烃的分离面临的难题就迎刃而解了。

这个灵感马上转化为了分离烯烃的实验方案，高金森带领团队对问题重新进行了分析，做了很多基础实验。终于，功夫不负有心人，他们发现了一种神奇的物质，添加到原先的萃取剂中后，烯烃马上被一股力量推到了烷烃这一边，很大程度上提高了分离效果。突破了这个关键难题后，团队乘胜追击，最终通过“溶剂—工艺—工程”集成，完成了催化裂化汽油关键组分定向分离技术的开发。这项技术不仅打破了传统清洁汽油生产模式，更是实现了“分子炼油”理念下的关键组分管控。这一研究成果为国Ⅴ/Ⅵ汽油质量升级做出了重要贡献，并荣获 2019 年国家技术发明奖二等奖。

辽宁舰为什么钟情重质燃料油

在茫茫大海中，一艘巨大的航空母舰破浪前行，犹如海上巨兽，激起层层巨浪。驱动它开辟水上航道的动力源自燃料油，而燃料油的最大需求领域正是交通运输行业的船用油市场。航空母舰在海面上航行，时而有白色的烟从烟囱中升起，这实际上是白色的雾，是燃料燃烧后生成的蒸汽遇到低温空气后凝结成的小水滴，宛如天空中的白云。为了保护海洋环境，实现绿色航行，各国科研团队一直致力于开发更加清洁、高效的船用燃料油。

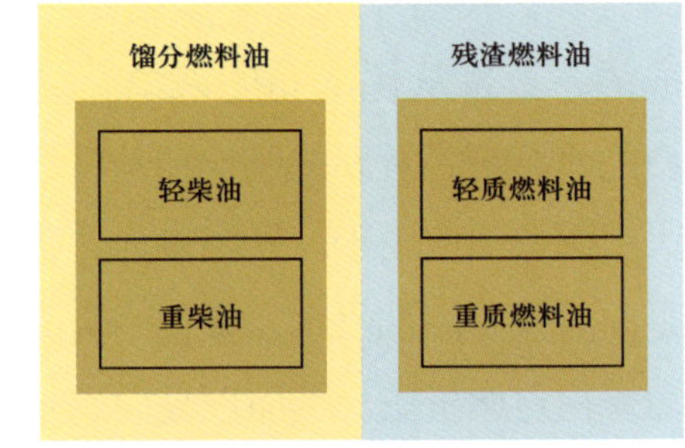

>>>船用燃料油的包含关系图

航空母舰主要采用两种动力系统——常规动力系统（燃气轮机动力系统、汽轮机动力系统）和核动力系统。核动力航空母舰通过核反应堆产生的热能来推动涡轮发电机，实现舰船的驱动；而常规动力航空母舰则依赖内燃机或汽轮机，通过燃烧船用燃料油或其他燃料来产生动力。核动力系统的最大优势在于核燃料能量密度极高，使得航空母舰能够执行长时间高速航行任务而无须频繁加注燃料。然而，全球只有美国、法国等少数国家拥有核动力航空母舰，其他国家的航空母舰都是常规动力系统。因此，世界上大多数航空母舰都离不开船用燃料油。

我国目前拥有的三艘航母——辽宁舰、山东舰和福建舰，均采用常规蒸汽动力系统。汽轮机动力装置的一个显著优点就是对燃料没有特殊的要求，可以使用相对廉价的重质燃料油。比如，辽宁舰采用的就是重质燃料油。那么，为什么辽宁舰采用重质燃料油作为动力燃料，而不选用汽油或者柴油呢？因为重质燃料油的密度大，在油箱体积一定的情况下，燃烧时间比轻质燃料油更长一些，提供的动力更持久，耐用性更好。除此之外，重质燃料油本是原油提炼过后的副产物，因此有利于节约资源且价格低廉。

知识链接

船用燃料油

根据我国国家标准 GB 1741—2015《船用燃料油》，船用燃料油分为船用馏分燃料油和船用残渣燃料油两大类。馏分燃料油主要为轻馏分油，通常用于中、高速柴油机，为短途航行的中小船舶提供燃料，如客运班轮、滚装船主机等。残渣燃料油是直馏渣油或直馏渣油与一定比例的较轻组分混合而成，适用于大型中低速柴油机，主要为油轮和集装箱船等大型船舶提供动力。

>>>参加环太平洋军演的美海军“卡尔·文森”号航母

目前，亚太地区已成为全球最大的船用燃料油消费市场。在碳达峰碳中和背景下，减少污染和温室气体排放越来越受到重视。根据国际海事组织（IMO）的规定，自2020年1月1日起，全球船用燃料油的硫含量不得超过0.50%，这推动了低硫船用燃料油的发展。中国石油辽河石化从2019年4月生产低硫船用燃料油产品4500吨，到2020年生产低硫船用燃料油86万吨，再到2024年低硫船用燃料油年产能接近140万吨，成为中国石油最大的低硫船用燃料油生产基地。

在国际海事组织颁布“限硫令”之前，辽河石化敏锐捕捉到这一趋势，并果断组建攻关团队。2018年10月，公司启动了新产品立项，随后开展低硫船用燃料油的研发。在一次重要会议上，团队成员围绕项目展开激烈讨论。“我们辽河原油具有低硫特性，可以优先考虑调和方案。”一位工程师提到。“我建议按照模拟计算配方、小调试验、试生产的顺序组织攻关。”另一位成员补充道。“现在我们需要新建或者改装哪些设备来生产低硫船用燃料油？”讨论的声音此起彼伏，气氛热烈。经过充分的讨论，团队最终决定首先通过模拟计算确定调和配方，接着进行小规模试验，确保每个环节都经过严谨的验证。此外，他们还评估了现有设备的改造方案，以最大限度地降低成本和提高生产效率。

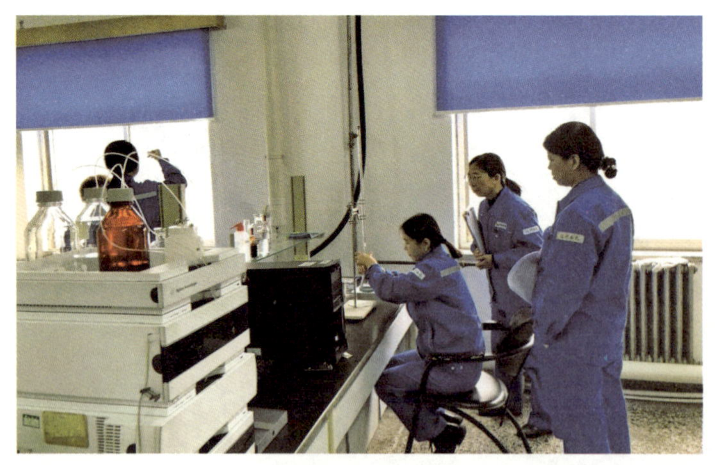

>>>辽河石化工作人员开展低硫重质船用燃料油配方研究实验（辽河石化提供）

经过团队成员的不懈努力，最终成功调和出 RMG 180 和 RMG 380 低硫船用燃料油的小样，并在小试后开始试生产 RMG 380 低硫船用燃料油。结合实验数据、自身产品结构及技术特点，辽河石化采用先进的在线调和生产方案，积极推进低硫船用燃料油改造项目。在国际船用燃料油消费市场中，RMG 380 船用燃料油占比约 70%。因此，辽河石化将研发 RMG 380 低硫船用燃料油作为主要攻关方向。得益于辽河油田原油的低硫特性，生产低硫船用燃料油时硫含量相对容易达到国家标准。在调和 RMG 380 低硫船用燃料油的同时，辽河石化还积极开展其他牌号低硫船用燃料油的调和研究，成功调和出合格的 RME 180、RMG 500、RMG 700 等低硫船用燃料油，各项产品指标均满足船用燃料油国际标准（ISO 8217—2017）和我国国家标准（GB 17411—2015）的技术要求。

知识链接

残渣型燃料油牌号

残渣型燃料油名称由三个字母加一个数字组成。如 RMG 380，第一个字母为 R（Residual），第二个字母为 M（Marine），第三个字母单独无具体含义，需要与前两个字母结合对应特定的质量要求；字母后面的数字代表该种类在温度 50℃下运动黏度的最大值。

在全球燃料油供应紧张的背景下，国内炼油企业规模化生产低硫重质船用燃料油显得尤为重要。这不仅保障了中国港口船用燃料油的稳定供应，还有助于维护国家在船用油领域的能源安全。随着国际航运市场对环保要求的提高，国内炼油企业的技术进步和生产能力提升，将为满足市场需求提供有力支撑。同时，这一转型将促进中国航运业的可持续发展，为实现碳达峰和碳中和目标贡献力量。

让飞机腾云驾雾的航空煤油

飞机最初使用的主要燃料是航空汽油，因为当时的内燃机技术主要集中在汽油发动机上。航空汽油常温下为无色透明液体，具有良好的蒸发性、易燃性、稳定性和低结晶点等特点。由于这些特性，航空汽油适合用于小型引擎，因此被广泛应用于小型飞机和私人飞行器中，如在低空巡视常用的罗宾逊 R44 直升机。

>>> 罗宾逊 R44 直升机降落在海滩上（引自视觉中国）

随着第一次世界大战的爆发，飞机在战场上的作用日益凸显，航空技术也迅速发展。喷气发动机的引入带来了飞机性能的革命性提升，但这也对燃料提出了新的要求。飞机在高空飞行时，要求燃料不能因气压低而快速挥发，也不能因温度低而凝固，更不能因在连续气流中燃烧而熄灭。显然，汽油和柴油均无法满足上述要求。为了满足上述要求，喷气式发动机选用航空煤油作为燃料，它的馏分范围包含重汽油和轻柴油。

知识链接

航空燃料

根据航空器燃料燃烧场所的不同，航空燃料主要分为两大类：一类是针对活塞式发动机的燃料，主要是航空汽油；另一类是针对喷气式发动机的喷气燃料，也称航空煤油。此外，还有液氧和液氢的混合燃料。

>>>喷气式飞机在云层上空飞行，留下烟迹（引自视觉中国）

>>> 玉门喷气燃料台架试车后火焰筒烧蚀外观

20 世纪 50 年代，中国的航空煤油完全依靠苏联进口。为了解决航空煤油国产化问题，有关部门组织科研人员使用玉门原油作为原料，按照苏联喷气燃料的规格生产了两批航空煤油。测得的数据显示燃烧性能良好。但当进行进一步检查时，发现 9 个合金钢燃烧筒的内壁出现了烧蚀问题，意味着两批航空煤油都不合格，无法用于正式生产。

1958 年，侯祥麟调任石油化工科学研究院副院长，致力于航空煤油的研制工作。他让科研人员将试产的航空煤油样品送至苏联军工研究所进行测试。然而，经过长达一年的分析研究，问题依然未能解决。苏联专家给的意见是两批航空煤油不够纯净，导致出现了烧蚀问题。到 1960 年，中国航空煤油的进口量锐减，且进口油品的质量无法保障，这使得航空煤油问题严重威胁到了国防安全。为此，石油工业部发出《关于采取多种方法试制航空煤油的通知》，要求石油化工科学研究院、抚顺石油研究所、大连化学物理研究所和兰州化学物理研究所等多家科研机构，以及飞机制造厂、解放军总后勤部、空军有关单位和各炼油厂共 20 多个单位，就航空煤油的烧蚀问题进行联合攻关，侯祥麟受命负责组织领导并协调这一重要的联合攻关行动。

时任国务院副总理的聂荣臻写信给石油工业部部长余秋里说：“航空油料仍完全依赖进口，航空煤油的技术问题还未解决，汽油只能生产部分型号，润滑油也有不少问题，这些情况使人担心。一旦进口中断，飞机就可能被迫停飞，某些战斗车辆就可能被迫停驶。”这个时候，余秋里也常对已经担任石油化工科学研究院副院长的侯祥麟表达对上述问题的担忧。他说："几个老帅总是问我，航空煤油何时能够生产，这一关过不了，我们走过天安门时，总觉得低人一头。"

此时的侯祥麟感到自己所承受的压力是前所未有的，他知道，解决军用和民用飞机使用的航空煤油已经到了刻不容缓的地步。当时面临的主要问题是我们自己生产的航空煤油存在烧蚀发动机管道的问题。为此，他带领团队加快了研究步伐，夜以继日地工作，每当夜幕降临，实验室的灯光依旧明亮，仿佛在照亮一条通往科技未来的道路，侯祥麟和他的同事们并肩工作，一起探索科学奥秘，共同攻关技术难题。

1961 年除夕之夜，当京城灯火辉煌、家家户户欢度佳节时，他却在京郊石油化工科学研究院的一座简陋平房里，指导着玉门航空煤油的小单管燃烧试验，这次试验是联合攻关中的关键一步。他的夫人李秀珍也是燃油攻关组的负责人之一，此刻他们都无比渴望实验的成功。随着小单管燃烧试验的开始，巨大的轰鸣声与他们紧张的心跳声交织在一起。然而，燃烧筒内壁的合金钢被烧蚀得满是麻点，这一瞬间击碎了所有人的期待。

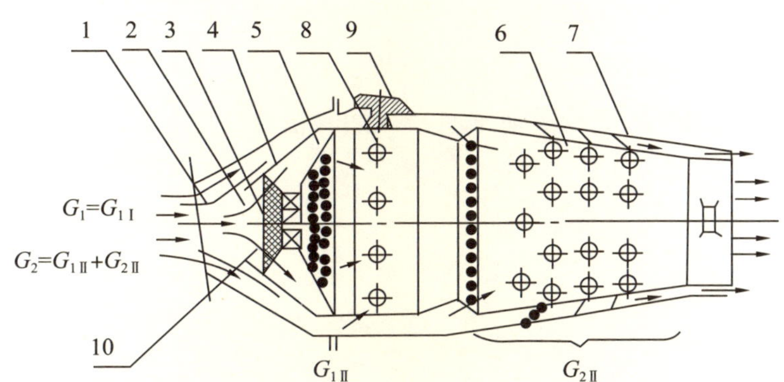

1—火焰筒进气口；2—限流器；3—进气碟；4—稳流器；5—过渡锥；6—掺和段；7—外壳；8—火焰筒主燃烧区圆柱段；9—点火器安装座；10—燃料喷嘴由此喷油（图上未画喷嘴）；*G*—空气流量；*G*角注：1—一次燃烧区；2—二次燃烧区；Ⅰ—一次流道；Ⅱ—二次流道

>>> 单管燃烧室结构原理图

大年初一凌晨，夫妻二人拖着疲惫的身躯回到家中，紧紧搂住熟睡中的孩子们。不满五岁的女儿们依然在梦中，脸上还挂着未干的泪痕。清晨，侯祥麟的外甥来拜年，他却对外甥说："你来得正好，替我们照看一下孩子吧！"说完，夫妻俩又匆匆赶回了试验现场。

试验、失败、研究，再试再败再研究……数月的努力和无数次失败后，侯祥麟开始全面反思：我们的航空煤油与苏联的相比，是否太"纯净"了？苏联专家给的意见是否正确？有了这样的想法，他立即安排对航空煤油组分进行对比测试，结果发现苏联进口航空煤油的硫含量远高于国内。他推断国产原油硫含量过低导致试产航空煤油中的硫含量太低，这或许是与高温烧蚀问题直接相关。

按照这一思路，工作人员在试产的航空煤油中加入少量硫化物，豁然发现高温烧蚀问题迎刃而解，试验获得成功，侯祥麟和他的妻子相拥而泣。随后，他指导生产厂在 1961 年成功生产出合格的航空煤油，并于 1962 年正式供应中国民航和空军部队。

当然，上述的推断和分析绝不是偶然，而是侯祥麟通过大量实验数据分析得出的结果，后来他在研究烧蚀机理的论文《碳氢化合物对镍铬合金高温腐蚀的研究》详细阐述了这一发现。1965 年，国内消费的近 70 万吨航空煤油均为国内生产，实现了航空煤油的自给自足。

曾被称为“废油”的柴油

石油炼制的早期，柴油是炼制汽油后的副产品，并未受到重视，甚至因其难以处理而被认为是“废油”。人们早期将这种“废油”作为柴油灯照明的燃料。然而，随着19世纪末工业革命的推进，能源需求不断增加，柴油的命运也开始发生转变，逐渐成为工业和交通领域不可或缺的动力来源。

早在1769年，英国工程师詹姆斯·瓦特对活塞式蒸汽机进行了重大改进。他开辟了人类利用能源新时代，使人类进入“蒸汽时代”。到19世纪末，蒸汽机已经在工业中得到了广泛应用，极大地推动了工业革命的进程。然而，尽管蒸汽机在改变世界的过程中起到了重要作用，但其热效率很低，只有10%左右，且庞大而昂贵的蒸汽机不是一般小作坊所能负担得起的。这一缺陷引起了德国工程师鲁道夫·狄塞尔的注意，他下定决心寻找一种更加高效的动力机械来替代蒸汽机。

狄塞尔的突破源自一次偶然的观察。1892年，狄塞尔在目睹了面粉厂的粉尘爆炸这一过程后获得灵感：如果能将气缸内的空气高度压缩，使其温度超过燃料的自燃点，再将燃料喷入气缸，使其自动点燃，就能极大提高热机的效率。这一设想成为他设计新型发动机的基础，进而开启了一场内燃机领域的革命。

>>> 内燃机

知识链接

内燃机

内燃机是一种通过内部的燃料燃烧，将热能直接转化为动能的设备，被广泛应用于车辆以及农用、工程和矿山机械等。内燃机不仅包括往复式发动机，也涵盖喷气式发动机和旋转叶轮式发动机。现多指活塞式内燃机，其中柴油机和汽油机最为常见。

狄塞尔怀着坚定的信念开始了他的实验，但现实远比设想复杂，他经历了无数次失败。1893年8月，狄塞尔采用简陋但有效的燃料喷射装置，以煤粉作为燃料，设计出一个高达3米的单缸压燃发动机。然而，煤粉燃烧后的高温高压超出了材料的承受极限，最终导致发动机爆炸，狄塞尔也险些丧命，实验以失败告终。随后，他将目光转向了原油，但原油的高黏度使燃烧过程无法顺利进行。狄塞尔甚至尝试了易挥发的汽油，但汽油的点火和燃烧特性仍然无法达到理想的效果。多次实验都以燃烧失控或发动机气缸爆裂而告终。

>>>狄塞尔研制的第一台柴油机

困难和失败没有击败狄塞尔，百折不挠的他就像是一个举着火把的探路者，不断进行着各种尝试。随着实验的不断进行，他抱着试一试的想法，将目光锁定在当时用处不大的柴油。正是这种被视为“废油”的柴油成了突破点，当柴油喷入高温的气缸内并自行燃烧时，发动机顿时发出了震耳欲聋的轰轰转动声。狄塞尔意识到，自己终于找到了合适的燃料。

这种燃料在发动机气缸内燃烧，不仅能够提供更大的扭矩，同时显著提升了发动机的热效率。实验成功后，这一技术迅速得到广泛应用。随着发动机技术的不断进步，柴油的工业价值逐渐被人们所认识——从原本被视为“废油”、仅用于柴油灯照明的燃料，摇身一变成为工业领域不可或缺的重要能源，大幅减小了工厂车间的生产成本，降低了工人的劳动强度。为纪念狄塞尔在这一技术革新中的杰出贡献，这种燃料被命名为柴油（Diesel），燃烧柴油的发动机也被称为柴油机。自此，柴油机成为推动工业、农业、军工业发展的重要动力系统，对人类社会的发展产生了深远影响。

知识链接

扭矩

扭矩是使物体发生转动的一种力矩，通常用于描述转动物体时所受到的力的效果。在发动机中，扭矩表示发动机将燃料燃烧产生的能量转化为旋转运动的能力。在功率固定的情况下，发动机的扭矩与转速成反比：转速越快，扭矩越小；转速越慢，扭矩越大。因此，扭矩反映了发动机在一定范围内承受负载的能力。

如今，柴油和柴油机的质量相比过去有了显著提升。除了提高柴油机的热效率外，人们也更加关注柴油燃烧后的尾气排放。和汽油质量标准类似，柴油质量标准对硫含量和多环芳烃含量做出了严格规定。在提高质量的同时，柴油的应用范围也将变得更加广泛。

美国为什么每年烧掉亿吨玉米

“美国每年烧掉 1 亿吨玉米。”这个消息听起来似乎太疯狂了。美国为什么每年要烧掉 1 亿吨玉米？答案很简单，那就是生物燃料。是的，这是一种能够让汽车跑起来的“绿色”燃料。相对于传统的石油基液体燃料和煤基液体燃料，生物燃料具有绿色、可持续的特点，从燃料全生命周期看，能够显著降低二氧化碳的排放。除了美国，还有很多国家在使用和大力发展生物燃料，其中也包括中国。

>>> 生物燃料推动车辆前行

知识链接

生物燃料

生物燃料，泛指由生物质提取的固体、液体或气体燃料，是人类使用历史最悠久的燃料之一。木柴、秸秆等，都可以算作广义上的生物燃料。狭义的生物燃料一般指生物燃料乙醇（生物乙醇）、生物柴油、生物航煤等用于发动机的液体燃料。

>>> 生物乙醇、生物柴油、生物航煤

生物乙醇的本质是酒精，我国传承几千年的酿造酒可以看作生物乙醇生产的前身。生物乙醇在快速的发展过程中，第 1 代的原料以玉米、小麦等粮食为主，第 1.5 代的原料以木薯、红薯、甜高粱等非主粮为主，第 2 代的原料主要来自农林废物，第 3 代的原料是藻类等绿色植物。现如今从农林废物（如秸秆）规模化生产乙醇成为现实，打破了用粮食生产生物乙醇的不利局面。

生物柴油是以植物油、废弃油脂等生物质为原料生产的绿色燃料。与石油基柴油相比，生物柴油能够显著减少温室气体、硫和芳烃等排放。鲁道夫·狄塞尔（Rudolf Diesel）是一位德国工程师，以发明柴油发动机而闻名于世。然而，很多人可能不知道，狄塞尔最初的梦想不仅仅是发明一种高效的发动机，更是希望通过使用生物燃料，来改变世界的能源结构。

狄塞尔出生于 1858 年，从小对机械和工程充满热情。他在巴黎和慕尼黑接受了机械工程教育，并在 19 世纪 70 年代后期进入了蒸汽机设计领域。然而，狄塞尔很快意识到蒸汽机的效率很低，这促使他开始思考一种更为高效的动力来源。19 世纪 90 年代后期，狄塞尔开始了使用植物油作为发动机燃料的实验，并获得了成功。

在 1897 年巴黎世博会上，狄塞尔展示了他独特设计制造的柴油发动机，不仅能使用矿物油作为燃料，还能用花生油作为燃料。狄塞尔认为，植物油具有巨大的潜力，尤其是在农业发达的国家和地区。他设想，农民可以种植作物来生产燃料，从而实现能源自给。这种方式不仅可以增加农民的收入，还能减少工业对石油资源的依赖，促进地方经济发展。

1898 年，狄塞尔发表了一篇文章，进一步阐述了他对生物燃料的看法。他指出："植物油可以在很长一段时间内取代矿物油，这将是一个极大的成就，因为植物油不仅是一种可再生能源，而且还可以在任何地方生产。"尽管狄塞尔对生物燃料充满信心，但在当时的工业背景下，生物燃料的推广却遇到了很多困难。

>>> 亨利 · 福特

在狄塞尔之后，许多科学家和工程师继续研究植物油和其他生物燃料，逐渐将这些理念转化为现实，现代生物柴油技术的发展，正是基于狄塞尔最初的设想。

美国的亨利 · 福特（Henry Ford）对生物燃料表现出了浓厚的兴趣。福特不仅是汽车工业的先锋，也是乙醇燃料的早期支持者。福特相信，未来的汽车可以通过"农场直通油箱"的方式运行，从而实现能源的可持续性。

福特在 1908 年推出了他的革命性产品——T 型车。这款车不仅价格低廉、性能可靠，更重要的是，它最初设计时就考虑了使用乙醇作为燃料的可能性。福特坚信，乙醇可以成为汽油的替代品，特别是在那些远离石油供应中心的农村地区，乙醇燃料显得更加经济和便捷。在福特的设想中，

知识链接

"汽车之父"——亨利 · 福特

亨利· 福特 (Henry Ford, 1863 年 7 月 30 日—1947 年 4 月 8 日)，美国汽车工程师与企业家，福特汽车公司的建立者。亨利 · 福特是世界上第一位使用流水线大批量生产汽车的人。亨利 · 福特的生产方式使汽车成为一种大众产品，不但革命了工业生产方式，而且对现代社会和文化产生了巨大影响。

农民可以种植玉米，然后通过发酵生产乙醇，用于为自己的汽车提供燃料。这样一来，不仅可以使农民获得额外的收入，还能降低工业对石油的依赖，促进农村经济的繁荣。这种“农场与汽车”的紧密结合体现了福特对农业和工业结合的深刻思考。

>>>T 型车（引自视觉中国）

目前，生物柴油的发展受到社会的广泛关注和政府的高度重视。为应对全球气候变暖、极端天气频发等的影响，近年来各国纷纷出台减少温室气体排放相关政策，鼓励清洁能源的生产与消费，生物柴油产业得到快速发展。《油世界》数据显示，2022 年全球生物柴油产量达到 5218 万吨，同比增长 6.3%，比 2015 年的 2964 万吨增长 76%，成为增长最快的可再生能源之一。

生物航煤是生物燃料家族的重要成员。它的生产原料有多种，其中之一就是人们常说的“地沟油”等餐余废油。万万想不到，“地沟油”有一天也能派上大用场！地沟油或动植物油脂经过适当的加工处理，就能生产出航空煤油。中国石化是亚洲首家拥有生物航煤自主研发生产技术的企业，拥有自主的专用催化剂和工艺技术，旗下的镇海炼化于 2020 年建成了我国首套生物航煤工业装置，实现了规模化生产。飞机喝着“地沟油”都能在天空翱翔，再次说明了科学技术带来的震撼力！

知识链接

生物航煤

生物航煤是一种以可再生资源为基础的航空燃料，主要利用动植物油脂，包括常见的餐饮废油（通常被称为“地沟油”）等原料进行生产。与传统的石油基航空煤油相比，生物航煤在其整个生命周期中可以实现高达 50% 以上的二氧化碳减排效果。

随着环保和可持续发展观念的深入人心，传统化石燃料面临替代压力，生物航煤作为可持续的替代能源受到各国关注。2016 年，国际民航组织通过了国际航空碳抵消和减排计划（CORSIA）。根据国家航空减排市场机制决议，2020 年后各航空公司的国际航线碳排放增量，需通过购买碳配额等方式进行抵消。有机构分析指出，若遵照此决议，到 2035 年，中国国内航空公司碳交易总支出或将高达 210 亿元人民币。有专家指出，想要避免如此巨额的航空碳税，生物航煤的替代使用是目前唯一能在民航业大幅度实现减排的措施。

随着全球气候变化不断加剧与传统能源价格持续高位波动，生物燃料普遍受到各国关注。对于优化能源结构来说，生物燃料是一个合理的选择，它可以减少对化石燃料的依赖，同时减少温室气体的排放。但需要注意的是，生物燃料的发展需要充分考虑国情，合理选择生产原料。对我国来说，生物燃料的发展不能与人争粮，不能与粮棉争地。

>>> 生物航煤样品

>>>ARJ21 支线客机首次加注可持续航空燃料（SAF）演示飞行起飞（中国商飞提供）

碱
油

变幻无穷

非燃料油品的多彩蜕变

在石油的众多产品中，有几种看似平凡的物质——润滑油、沥青、石油焦、白油、石蜡、凡士林等，却在日常生活、现代工业、交通系统、军事应用中扮演着至关重要的角色。从飞速运行的“复兴号”高铁到远洋中的军舰，从繁忙的机场到机械化的战场，从生活中的化妆品到马路上奔驰的新能源汽车，都有它们的身影。它们守护着人们的美丽，保障了交通工具的安全高效运行，确保了装备在极端条件下的可靠性和操作的连续性，在塑造和支持现代生活及国防中发挥着无可替代的作用。

Petroleum

内燃机油的“皇冠”

知识链接

内燃机油

内燃机油，也常被称为马达油或发动机油，是一种专门用于内燃机的润滑油。它主要由矿物基础油或合成基础油加入清净分散剂、抗氧抗腐蚀添加剂等多种添加剂调制而成。内燃机油在发动机中扮演着至关重要的角色，具有润滑、清洁、冷却、防锈等多种功能，被形象地称为“发动机的血液”。

随着技术的发展和需求的多样化，内燃机油已经进化出多种类别，以适应不同的发动机种类、燃料类型和使用条件。汽油机油、柴油机油、船用柴油机油（船用机油）和气体燃料发动机油，每一种都有其独特的配方和性能特点，为不同的机械装备提供专属的保护和支持。汽油机油保证乘用车和轻型商用车的发动机在高温下免受磨损；柴油机油则为重型卡车、公交车等的发动机提供更强劲的润滑性能和抗磨损能力；而船用机油可以保证在恶劣的海洋环境下船舶发动机的性能和寿命，被誉为内燃机油的“皇冠”。

2000 年前，船用机油市场几乎完全被国外品牌垄断。随着 2005 年我国造船工业及船只保有量跃居世界第三位，国内船用油市场潜力逐渐显现，催生了对国产船用机油技术的迫切需求。

2007 年的一天，中国石油大连润滑油研发中心收到了来自芬兰瓦锡兰公司的信函，授予他们开展行船实验的宝贵许可。这是一次前所未有的挑战，也是一次证明自己的绝佳机会。

刚开始时，研发团队面临种种困难，他们需要对船用机油的每一个组分进行精密调配，确保其能在极端的海上环境中稳定运行。实验室里，研究人员夜以继日地进行实验，目光专注而坚定，然而，调配比例的微小误差、外界环境的不可控因素，都成为克服研究难题的巨大障碍。

尽管如此，团队并没有放弃。每一次失败都被视为向成功迈进的一步，每一个挑战都激发出他们更多的创新和坚持。他们一次次地调整配方，进行无数次的高温、高压模拟测试，分析润滑油在复杂海洋环境下的表现。每当遇到瓶颈时，便开会讨论，提出新的解决方案，重新在试验中验证方案的可行性。

就在他们准备向瓦锡兰公司提交测试结果的时候，一封来自丹麦马士基公司（全球最大的集装箱运输公司）的投诉信让所有人心头一沉。马士基公司发来了怒气冲冲的反馈——使用了中国的船用机油后，他们的船只发动机结焦严重，设备出现了严重的磨损问题。紧接着，瓦锡兰公司也发来了邮件，表示将收回临时认证，并要求中方放弃使用自主研发的润滑油。

面对投诉，研发团队坚信问题并非出自产品，而是其他原因造成的。团队分成几个小组，分别对生产流程、运输过程以及船只实际使用情况进行全面调查，同时查阅了大量数据，进行了一次又一次的实验，终于在数月后的一个深夜发现了问题的真相。问题并非出自他们的润滑油，而是因为马士基公司的船只同时使用了另一种不兼容的润滑油所致。当这一真相浮出水面时，实验室里爆发出一片欢呼。那个夜晚，实验室里灯火通明，大家共同庆祝着这个来之不易的真相的到来。

这个发现不仅挽救了中国润滑油的声誉，更重要的是，重新赢得了瓦锡兰公司的信任。2008 年 10 月，瓦锡兰公司再次发出了认证，推荐将中国石油昆仑船用机油用于其所有二冲程船用发动机，而这一次是终身认证。

研发团队的科研人员历经风雨，终于在船用润滑油领域取得了重大突破。这一成就不仅为他们赢得了国际认可，更是为中国润滑油行业书写了新的篇章。随着这场波澜不惊的较量落下帷幕，国际船用润滑油市场的格局发生了根本性的变化。中国石油昆仑船用机油以其卓越的性能和品质，跻身于美国埃克森美孚、英国石油公司等世界级润滑油品牌之列，成为马士基公司三大船用机油供应商之一。这不仅是昆仑船用机油在海外市场实现的历史性突破，更是中国润滑油技术实力的有力证明。

>>>昆仑船用机油应用于船舶（中国石油润滑油公司提供）

破解“高铁之血”的秘密

2018年6月8日，俄罗斯总统普京在中俄友好交流活动中乘坐“复兴号”高铁时，看到面前的茶杯在时速300千米下，纹丝未动，不禁感叹：“有种浪漫的感觉。”

少有人知的是，让这些现代化钢铁巨龙得以穿梭于城市之间，保持其精确和高效运行的，不仅是先进的工程技术，还依赖于一种被称作“高铁之血”的关键物质——高铁齿轮油。这种齿轮油不仅承受的载荷巨大且多变，还因更换困难而要求超长的更换周期。同时，外界气候、温度等自然条件都对高铁齿轮油的性能提出了苛刻的挑战。这种由中国企业自主研发生产的润滑油，成功打破了由国外技术长期垄断的局面，为“复兴号”高铁的每一次平稳旅行提供了技术保障。

知识链接

齿轮油

齿轮油是专门用于润滑和保护齿轮的润滑油，主要作用是减小摩擦、降低磨损、冷却齿轮并防止生锈和腐蚀。

这一切的开始，可以追溯到20世纪80年代的“七五”计划期间，当时的中国，在齿轮油技术领域完全依赖进口，国外技术垄断的局面严重制约了国内工业的发展。在这一背景下，国家决定启动齿轮油添加剂的自主研发项目，这一重任落在了中国石油润滑油公司兰州研发中心的老一辈科技工作者匡奕九及其团队身上。

匡奕九，一个普通的名字，却在中国齿轮油的发展史上留下了浓墨重彩的一笔。面对巨大的挑战，匡奕九和他的团队几乎是从零开始，他们需要从上万个化学分子中筛选出适合的分子，开展漫长而艰难的合成工作。在那个科技资源稀缺的年代，他们几乎没有任何现代化的实验设备和研究基础。但匡奕九有着坚定的信念，相信只要不断努力，总有一天能够实现突破。经过无数次的试验失败，匡奕九和他的团队终于在“八五”期间取得了初步的成果。他们从那些化学分子中筛选出了200个最有希望的分子，这是一个重要的进步，为伏喜胜等人后续的研发工作奠定了基础。

1990年的金色秋天，云南西双版纳的崇山峻岭之间，一个改变命运的场景正在上演。伏喜胜，一个刚刚从兰州大学化学系毕业的年轻人，随着一支石油炼制研究团队来到了这里。这是他第一次远离家乡，本应该被周围的美景所吸引，但一件事却深深震撼了他——一辆满载货物的卡车，因为润滑油质量差，正艰难地爬行在陡峭的山坡上，最终无力前行。司机无奈之下，只能下车，拎出一个水桶，开始将水浇在滚烫的后桥上，试图降低温度。这一幕如同一记重锤，狠狠地击中了伏喜胜的心。他站在那里，望着这一切，心中涌起了一个强烈的念头：“我这辈子，要把国家的润滑油技术解决了。”

这个念头，如同一颗种子，在伏喜胜心中生根发芽。他没有选择安逸的道路，而是决定投身到艰难而充满挑战的润滑油研发领域。他加入了兰州润滑油研发中心，这里聚集了一批志同道合的科学家，他们都怀揣着一个共同的目标：破解润滑油技术的秘密，结束国外对高端润滑油技术的垄断。

在研究所里，伏喜胜遇到了匡奕九，匡老师不仅拥有深厚的专业知识，更重要的是，他有一颗坚定不移的心。他常说：“我们的目标不仅是追赶，更是超越。”在匡奕九的影响下，伏喜胜开始了漫长而艰辛的研发之路。

伏喜胜和他的团队在困境中没有选择放弃，而是在前辈研究的基础上继续深入。他们像是在黑暗中摸索，从基础油的开发、添加剂的开发和配方探索，到润滑油的各项指标测试，最后到真实应用的试验，每一步都充满了不确定性，但这正是科学研究的魅力所在。

每一次失败都像是在告诉他们，这条路似乎没有尽头。就在他们失败了 500 多次，几乎要绝望的时候，实验成功了。这个成功不仅仅是技术上的突破，更是精神上的胜利，他们用自己的努力证明，即使是在极为不利的条件下，只要坚持不懈，就没有克服不了的难题。

>>> 伏喜胜（右）在兰州润滑油研发中心做研究（引自中国石油新闻中心）

然而，这只是开始。在中国高铁技术迈向世界舞台的关键时刻，伏喜胜深感肩上的重担。面对国际巨头长期垄断的高铁齿轮油技术，他心中既有挑战的渴望，也有不小的压力。每一次进入实验室，看到团队成员们满脸的期待和努力，他的心中就充满了责任感，那是一种超越个人荣誉的，属于国家和民族的责任感。

随着研发工作的深入，伏喜胜的内心世界也经历了巨大的变化，每一次实验的失败，都像是一次次心灵的拷问，让他不禁反思自己的初衷。但正是这些反复的挫败和自我质疑，使他的信念更加坚定。在夜深人静的时候，他常常独自留在实验室，面对着那些数据，心中默默地对自己说：“为了国家的高铁梦，无论多少次失败，我也绝不放弃。”

伏喜胜的坚持感染了整个团队，他们变得更加团结和努力，每一次失败后都能迅速调整心态，投入到下一轮的实验中。随着研究的深入，团队逐渐聚焦于几种具有潜力的新型添加剂和基础油的复配技术，坚持采用科学的实验设计和精确的数据分析方法，确保每一次实验都能得到可靠和有价值的结果。

经过数年的不懈努力，团队最终开发出了一种全新的高铁齿轮油配方。这款齿轮油不仅在高温、高速、高压等极端条件下表现出色，而且在降低能耗、延长维护周期等方面都有显著优势。这一成就标志着中国在高铁齿轮油技术上实现了从跟跑到领跑的转变。

匡奕九和伏喜胜的事迹，是中国润滑油技术发展史上的一个重要篇章。他们的努力，是对那句“要把国家的润滑油技术解决了”誓言的不懈追求。

>>> 为“复兴号”配套齿轮油产品（中国石油润滑油公司提供）

抗美援朝战场上的擦枪油

良好的擦枪油由不同组分在一定比例下配制而成，满足装备在不同季节的使用要求，既确保“打得响、打得连”，又有较好的通用性，从而简化用油品种，方便部队供应；同时还要求油品在“高温、高湿、高盐雾”条件下具有优良的防腐性，除火药残渣能力强，防止装备机件磨损效果好。1947 年 2 月 22 日，杨子荣率小分队与土匪郑三炮交火的前一晚，同行的孙大德提议擦枪，因出行紧急忘带擦枪油，用老乡家的野猪油擦枪。未曾想第二天突袭时，擦过猪油的枪被冻住，未能打响，突袭变成了被突袭，杨子荣壮烈牺牲，时年仅 30 岁。

知识链接

擦枪油

擦枪油是一种润滑油，由基础油和添加剂组成。基础油一般采用低黏度、高闪点的合成油或精炼矿物油，以确保在极端条件下的稳定性。添加剂一般包括抗氧化剂、防锈剂、润滑剂和清洗剂等。抗氧化剂延缓油品的氧化变质；防锈剂在金属表面形成保护膜，有效防止锈蚀；润滑剂降低机械零件的摩擦，延长其使用寿命；清洗剂能够有效去除枪械上的污垢和残留物。

在 1950 年的冬天，抗美援朝战场成了人间地狱，冰风如刀，零下 40℃的低温将大地冻成了铁板，士兵们的呼吸凝成了冰霜，寒冷到连时间似乎都要冻住。在这样的极限环境下，一个看似微不足道的问题成了生死攸关的大事——低质量的擦枪油让枪械冻住了。这个问题不仅是物理的挑战，更是对心理的考验，对于战士来说，枪就是他们的生命线，而现在，这条生命线被冻结了。

就在这时，远在后方的中国石化润滑油公司前身——621 厂，一个由技术员和工程师组成的团队接到了紧急任务：要研发出一种能在极端寒冷的环境下保持流动性的新型擦枪油，确保士兵们的枪械随时处于待命状态。他们深知，这不仅是技术研究的挑战，更是对他们爱国热情的考验，他们的工作环境虽不及前线的艰苦，但承担的责任同样重大。

>>>抗美援朝战场上的擦枪油（中国石化润滑油公司提供）

在紧张的研发过程中，团队经历了无数次的失败，但他们不能放弃，因为他们知道前线的士兵们正在等待着他们的研究成果。作为擦枪油，需要在寒冷的冬天能够起到润滑的作用，同时在连续射击过程的极端高温下保持稳定性，在潮湿的环境中具备出色的防腐蚀性以保护金属免受侵蚀，还需要与枪械的各种材质兼容，避免材料损坏。对此，他们需要调控基础油与各种添加剂。反复测试并修改配方，在一次又一次的尝试之后，一种全新配方的擦枪油终于诞生了。这种擦枪油即便在零下 40℃的极端低温下也能保持良好的润滑性能。

当这种新型擦枪油被紧急送往前线，成为士兵们手中的宝贵物资时，士气得到了极大的提振。他们用这新型擦枪油擦拭着每一把冻结的枪械，仿佛是在给冰冷的金属注入生命，枪栓不再冻结，枪声再次响起……

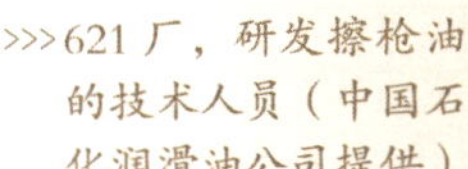

>>>621 厂，研发擦枪油的技术人员（中国石化润滑油公司提供）

原子弹爆炸离不开的全氟碳油

铀是制造核武器的主要原料，而氟油是铀分离过程中不可缺少的润滑材料。美国为了研制原子弹，首先在第二次世界大战中发展了氟油。随后，苏联亦开展了氟油的研究工作，取得了较大的进展。到20世纪60年代，因涉及核武器的研究，氟油的制备技术在世界范围内一直处于绝密状态。

中国在原子弹研制初期，苏联曾提供过这种油品，其名称并不是氟油，而是被称作“KC”。1959年冬，侯祥麟作为观察员参加了在莫斯科召开的东欧国家技术合作组织会议。期间，他曾向苏方询问这种油的化学成分和结构。苏方高层说是一种塑料。作为炼油专家，侯祥麟知道苏方专家不肯透露技术机密。当时，侯祥麟已经下定决心，一定要尽早揭开这个秘密的真相。

为了原子弹的成功研制，20世纪50年代后期我国曾在苏联援助下建设铀浓缩工厂。其中，铀分离机组和仪表用特种润滑油脂全由苏联供应。1959年，在研制原子弹过程中，第二机械工业部向石油工业部提出了研制铀分离机组和仪表用的特种润滑油脂的要求。当时只简单说明“能耐元素氟的腐蚀，分离铀过程用”，没有任何技术指标及性能的具体要求。第二机械工业部曾在1960年向石油化工科学研究院送交过极少量的国外产品样品，但对油品制备的工艺技术和设备条件一无所知。

这是一项没有任何技术指标和性能要求的任务，其难度可想而知。氟油等石油尖端产品的质量要求均很高，既要有良好的黏温性能、高温稳定性、低温流动性，又要能抗高负荷、高真空、高辐射和强氧化剂等化学介质，绝大多数无法单用天然石油生产，必须靠化学合成的特殊方法制取基础油，再加入多种不同的添加剂才能生产出来。这些产品的生产技术和工艺在每个国家都是高度机密的。再加上当时世界强国对中国进行技术封锁，所以从接受任务时就注定一切必须从零做起。

1960 年 1 月，国家科委预见到苏联有停止供应氟油的可能，要求石油工业部加快研制步伐。果不其然，1960 年夏，苏联停止对我国铀浓缩工厂供应润滑油脂。工厂面临停工的危险！国家科委再一次要求石油工业部加快研制工作。这年 7 月，第二机械工业部对研制工作的具体要求进一步明确，就是要研制 3 种全氟碳油——也就是后来研制而成的 4851 号、4852 号、4853 号 3 种氟油，技术要求是必须能耐六氟化铀，以保证铀分离设备的轴承和仪表能长周期正常运行。

侯祥麟等人碰到的第一个硬骨头是用于浓缩铀工厂气体扩散机组的耐六氟化铀的三种润滑油。开头只有任务，没有任何资料和样品，只能做一些文献工作，后来苏联专家撤走，第二机械工业部从扩散机中取出少量样品，分别由石油化工科学研究院和上海有机化学研究所进行剖析，才确定以全氟碳油为主攻方向。

全氟碳油是含氟油脂的第一代系列产品。主要生产过程有电解制氟、气相制粗氟碳油、液相制粗氟碳蜡、粗氟碳油蒸馏、元素氟化稳定、成品精馏和调配、尾气处理等 8 个步骤，十分复杂。为了解决技术攻关中遇到的难题，1960 年底，国家科委召开了第一次氟油研制协调会，决定石油化工科学研究院和上海有机化学研究所分别开展不同工艺方法的试制研究，原子能研究所承担样品分析、稳定性试验和使用研究。

在仅得到少量油样，不清楚其所含元素和分子结构，没有什么可参考技术资料的情况下，侯祥麟立即组织陆婉珍、沈志鸿等分析人员，利用石油化工科学研究院较先进的仪器和分析方法对油样进行分析研究。在得到了所需各种数据的情况下，经过反复试验研究，发现用金属氟化物氟化石油馏分的方法，可以制得合格的氟油产品。接着侯祥麟便与总工程师林风及青年科技人员卢成楸、高清岚等一起探讨，确定了研制这些油品的技术路线、产品配方、添加剂和试验方案。

针对过去大多数人员都是从事研制天然油的润滑材料，对合成润滑剂必须从头学起的现状，侯祥麟集中了100多名青年研究人员，组成若干课题组进行探索研究。还让经验较为丰富、外文水平较高的研究人员，尽量收集有关资料、文献，供大家阅读，选择重要部分翻译成中文，使不懂外文的科研人员也能学习。经过这样的刻苦学习，大家对适合做合成润滑材料的化合物，如硅油、氟碳化合物、脂类油以及添加剂等的合成途径有了了解。

接下来，石油化工科学研究院的技术人员自行设计、制作了专用的电解槽、反应器等设备。通过反复筛选，找到了国内易得的氟化剂，并考察了各种反应条件、精制方法对收率和质量的影响，还就原料、半成品性质对最终产品性能的影响进行了大量的分析对比研究，为在实验室试制出合格的氟油产品找到了路径。

这段时间，侯祥麟和总工程师林风、项目带头人高清岚及科研人员共同努力，最终石油化工科学研究院初步研制成功三种全氟碳油。经过中间试验，1964年4月开始向核工业部供货，满足了铀浓缩机组对氟油的急需，使铀浓缩生产顺利进行，为当年10月16日中国第一颗原子弹爆炸成功做出了贡献。

当时国家正处于困难时期，物资紧缺，粮食定量很低，科研人员常常在吃不饱肚子的情况下，长时间超负荷在实验室、现场工作。面对如此艰苦的条件，全体研究人员发扬爱国主义精神，不怕苦、不怕累，日夜奋战，终于取得成功。听到喜讯后石油工业部部长余秋里很高兴，说："你们条件那么差，经过几个阶段的试验、研究，终于能给第二机械工业部提供氟油了，这是我们的一大胜利。"

在石油化工科学研究院进行实验室研究的同时，侯祥麟提出了尽快建立生产厂，以满足我国核工业的急切需求。1962 年 1 月，上级部门根据侯祥麟的建议，将北京煤炼油示范厂划归石油工业部，并改建为生产新型材料的 621 厂。到 1965 年，621 厂含氟油脂的生产能力达到并超过了设计水平，生产成本也大幅度下降。621 厂也成为我国自行研究、设计和建设的第一个核工业专用油脂生产基地。

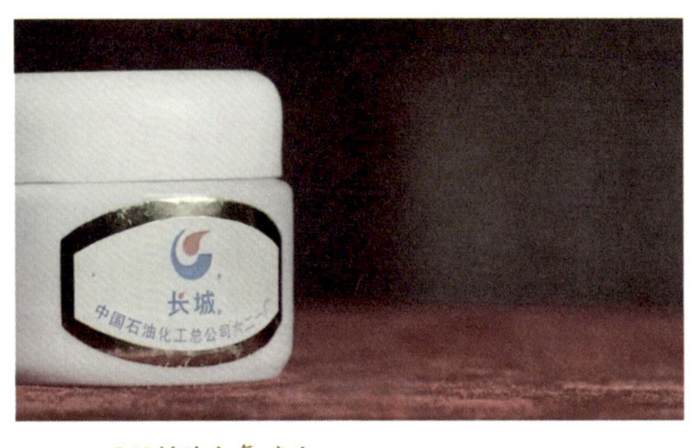

>>>621 厂研制的全氟碳油

1985 年，中国石化总公司和第二机械工业部对 4851 号、4852 号、4853 号 3 种氟油做了鉴定，认为"在非常困难的条件下，在较短的时间内研制出了全氟碳油系列产品，并投入批量生产，提供高质量的产品，使我国成为少数几个能生产全氟碳油的国家之一，满足了国家急需，为打破国外的核垄断，发展原子能工业作出重大贡献"。鉴定会议对产品质量给予了很高评价，"产品全项性能均达到了进口油质量水平，特别是一些关键技术指标和性能，超过了进口油。"

国产超级沥青铺就的中国速度

武汉长江大桥闻名遐迩，长江二桥于 1995 年建成通车。新旧二桥，壮观相映。

>>>武汉长江二桥（引自视觉中国）

经过6年的洗礼，在2001年，中国工程院院士、东南大学黄卫教授带领的团队对长江二桥的道路进行修缮，铺设时采用了美国的“超级沥青”。如果使用普通沥青，在温差较大的季节，桥面容易出现裂缝和滑移，陷入“屡坏屡修、屡修屡坏”的困境。然而，美国的环氧沥青价格极其昂贵，每吨高达7万多元人民币。长江二桥铺设完成后，黄卫教授说：“必须开发中国自主的环氧沥青铺装材料和成套技术，国家重大工程建设的核心技术必须掌握在我们中国人自己手中。”因此，同年东南大学成立了新型环氧沥青制造设备及工程应用项目组，旨在研究出我们自己的“超级沥青”。

这种“超级沥青”学名环氧沥青，其制造过程涉及将环氧树脂熔入传统沥青中，经过一系列化学反应，赋予了沥青异常的强度和韧性，以及在极端温度下依然保持稳定形态的能力。将沥青和环氧树脂按比例混合这样看似简单的过程，背后隐藏着巨大的技术壁垒。

沥青与环氧树脂相容性问题一直是困扰环氧沥青制备的一个难题。由于这个原因，道桥用铺装环氧沥青在之前十年间一直没有进展。相容性不佳会导致环氧树脂与沥青发生分层或相分离，环氧树脂固化体系不能将沥青完全包裹，从而无法形成稳定体系，环氧沥青的力学性能和高温性能等改善幅度减小。研究团队深知，要想制备出兼具环氧树脂热固性和沥青良好延展性的环氧沥青，必须改善两者之间的相容性。这个难题如同一道厚重的墙，挡在他们面前。

为了攻克这个难题，研究团队开始了大力攻关。他们首先对沥青和环氧树脂的化学性质进行了深入研究，试图找到改善相容性的方法。实验室里，设备不停运转，数据不断刷新，实验人员仔细观察每一个细微的变化。为了找到理想的配比和添加剂，他们进行了上百次的试验。

有一次，他们尝试使用一种新型的添加剂，希望能改善沥青和环氧树脂的相容性。实验过程中，技术人员屏住呼吸，密切监控过程变化。然而，实验结果却不如预期，沥青和环氧树脂依然发生了分层，实验室里一片沉寂。

反复的尝试和失败后，团队终于迎来了转机。研究人员在进行实验时，偶然发现了一种新的化学试剂，能够显著改善沥青和环氧树脂的相容性。这个意外的发现让整个团队兴奋不已，他们立即展开进一步的实验验证。随着实验的深入，这种化学试剂的效果越来越明显，沥青和环氧树脂在显微镜下呈现出前所未有的稳定结构。

固化过程的控制尤为关键，必须确保固化速度适中且温度适宜，以便施工并保障性能稳定。其中，在一个关键的固化实验中，技术人员都紧盯着显示屏上的温度和时间曲线。突然，温度数据开始剧烈波动，显示屏上的曲线急剧上升，固化过程开始失控。团队采取应急措施，通过不断调整实验参数，尝试不同的控制方案。在经过几个小时的紧张操作后，温度曲线终于回到正常范围。固化过程得到了控制，实验室里爆发出一阵欢呼声，彼此击掌庆祝这一重要阶段的成功。

此外，环氧沥青还需要在不同环境条件下保持性能不变。研究团队进行了多次测试，模拟极端的温度和湿度变化。高温下，材料要能承受喷气式飞机起降时产生的高达 1000℃的气体温度；低温下，它要能在零下30℃的严寒中保持韧性。实验室里的设备几乎不间断地运行，研究人员日夜不停地收集数据、分析结果。

成功的曙光终于照进了实验室，经过无数次的实验和调整，终于找到了改善沥青与环氧树脂相容性的方法，研发出的环氧沥青不仅具备了环氧树脂的热固性，还保持了沥青的良好延展性。这种环氧沥青能够在高温下保持稳定，同时具备优异的力学性能和耐腐蚀性。

郑民高速，这条双向四车道的通道不仅是交通的大动脉，更是一次技术革新的展示，被誉为可以用于我国第三代战机跑道的超级工程。正是“超级沥青”，给河南省的这条生命线注入“血液”，将郑州和民权紧密相连。

在祖国的另一片土地上，机场跑道沥青的研制也开展得如火如荼。

1994 年，中国石油辽河石化公司（简称辽河石化）生产的“欢喜岭”沥青成功全线应用于京通快速路，与国际品牌的性能不相上下。辽河石化的目标远不止于此，他们将视野转向了更高的天空——机场跑道沥青的研发。在 2000 年之前，这一领域几乎被国外品牌垄断。面对这一挑战，研发人员投入了更多的热情和智慧，誓要研发出满足机场跑道标准的国产超级沥青。

机场沥青的研发过程面临多个难点，包括寻找合适的配方以平衡耐久性、柔韧性、黏附性和抗老化性，同时还要考虑成本效益。沥青必须适应

>>>1998 年京通快速路

各种气候条件，保持在高温下不软化以及在低温下不脆裂，同时需要具备优异的抗疲劳和抗裂性。

在实验室里，研究人员日夜不停地进行试验和改进，小心翼翼地称量每一种材料，混合在一起，制成样品。每一次试验都意味着一次新的探索，他们仔细记录每一个数据，分析每一个微小的变化。尽管实验过程异常烦琐，但他们从不懈怠。

2001 年，“欢喜岭”机场沥青首次在敦煌机场跑道建设中得到应用，这一成功标志着在这一领域的探索迈出了坚实的一步。看着沥青铺设在敦煌机场的跑道上，团队成员们感到无比自豪。然而，真正的挑战才刚刚开始，机场跑道对材料要求极其严苛，需要的不仅是耐久性和稳定性，还要有对飞机起降时巨大冲击力的承受能力。

辽河石化的研究人员不断改进，研发出了直馏法、半氧化法与调和法等沥青生产工艺。他们首创的改质蒸馏法沥青生产组合工艺，彻底改变了超稠油不能直接生产沥青的状况，解决了劣质重质油加工的世界级难题。一次又一次的试验，他们攻克了一个又一个技术难题，终于研发出能够适应机场跑道严苛要求的高性能沥青。

他们的努力在 2011 年得到了回报，辽河石化的沥青被用于昆明长水国际机场的 4F 级跑道建设。这是内地首条采用国产沥青的 4F 级柔性跑道，也是我国继香港和澳门机场之后，内地新建的首条 4F 级柔性跑道。昆明长水机场跑道的修筑标准，成为中国民航机场新建柔性跑道的规范标准，翻开了中国民航机场柔性跑道建设的新篇章。

知识链接

飞行区等级

4F 级机场是机场等级中最高的一种，4F 级机场代表可以起降各种大型飞机。飞行区等级用数字加字母来表示，第一部分是数字，表示跑道长度，“4”表示 1800 米以上。第二部分是字母，表示能起飞和降落的飞机的翼展和轮距，从 A 到 F 越往后越大。

>>> 昆明长水国际机场 4F 级跑道专用沥青

从贫民到贵族的石油焦

中国新能源汽车发展迅猛，已经成为名副其实的世界龙头。锂电池是新能源汽车的动力来源，而针状焦又是锂电池技术发展不可或缺的材料之一。作为锂电池负极材料，针状焦仿佛是一个“能量仓库”，在充电时吸附并储存锂离子，决定着电池的性能表现。

针状焦是一种特殊的石油焦，因其具有热膨胀系数低、硫和灰分等杂质含量低、电阻率低、结晶度高、密度大等特性，成为制造超高功率石墨电极和人造石墨负极材料的优质原料，是电弧炉炼钢和新能源汽车等行业的关键材料，对实现碳达峰碳中和目标有重要支撑作用。

知识链接

石油焦

石油焦是一种富含碳的固体，是在延迟焦化过程中将重质烃裂解为价值更高、更轻质的石油产品的过程中所产生的副产物，具有碳含量高、硫含量高、含有重金属化合物的特点。根据结构和外观，石油焦可分为针状焦、海绵焦、弹丸焦和蜂窝焦。

20 世纪，针状焦生产技术长期被美国和日本垄断，并对我国进行技术封锁。针状焦的价格也长期由美国和日本等少数几家公司掌控，他们主导定价，价格经常居高不下。更为严峻的是，即使在他们高定价的情况下，我国也无法买到充足的优质针状焦。这种局面使得国内高端钢铁行业的发展受到制约，迫使我国必须加快攻克针状焦生产技术的自主研发。

知识链接

喹啉不溶物

煤焦油或煤焦油沥青中不溶于喹啉的组分，其含量是表征煤焦油沥青性质的主要指标之一。制备针状焦时，原料中的喹啉不溶物会增大针状焦的热膨胀系数，降低针状焦的品质。

20世纪70年代，石科院开始攻关针状焦生产的关键技术难题。要生产针状焦，首先需要高品质的焦化原料，要求密度高、芳烃含量高，胶质、沥青质和硫、氮含量低，杂质含量低，不存在喹啉不溶物，且平均芳香环数最好小于3个。催化裂化油浆、润滑油溶剂精制抽出油、蒸汽裂解制乙烯副产的焦油等是较为理想的针状焦生产原料。通过对比，油浆是更加合适的针状焦原料。

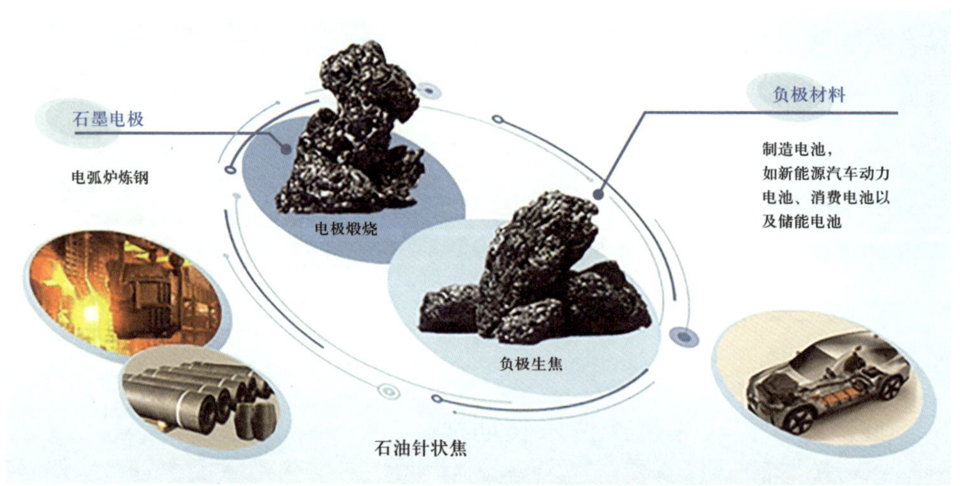

>>>针状焦的应用（引自中国石油新闻中心）

然而，油浆中仍含有大量的硫、氮、胶质、沥青质等有害杂质，导致在原料净化工艺中存在着诸多技术难题，其中如何去除喹啉不溶物成为技术研发首先需要跨越的关口。石科院的科研团队不断进行实验和探索，尝试筛选合适的溶剂脱除原料中喹啉不溶物。但是，油浆的黏度大，流动性差，众多溶剂在油浆中的渗透性差，不能保证良好的杂质脱除效率，一次又一次的失败让团队几度陷入困境。

团队中的一位研究人员在使用洗衣粉去除油污的时候，偶然间注意到不同牌子的洗衣粉对于油污的去除能力不同。通过仔细观察，发现这两种洗衣粉的配方不同，这一瞬间让他意识到："是否可以通过调整溶剂的配比，提升溶剂与喹啉不溶物的亲和性，提升油浆的净化效果？"于是他们做出调整，优化溶剂配比，使溶剂能够更加均匀地渗透原料，最终成功提高了原料的脱杂率和稳定性。

解决了原料的净化问题，接下来的挑战是延迟焦化工艺的优化。焦化过程的温度、压力、循环比、物料流速等参数的设定，直接影响到针状焦的质量。在早期的试验中，焦化产品常存在质量不均的问题，尤其是焦化塔上、中、下三个部位的针状焦品质差异明显。团队意识到，这一问题不仅仅是工艺参数的问题，还与焦化塔内的流场分布、温度控制等多个因素有关。

为了解决这一难题，科研团队对每个工艺参数都进行了深入分析和优化。经过无数次的模拟和实验，他们通过适当调整气体流速与温度分布的平衡，显著提高了焦化塔内温度的均匀性，从而生产出质量更加一致的针状焦。同时，团队改进了进料方式，提高了焦化塔的设计精度，进一步优化了焦化过程，成功解决了焦化塔内针状焦质量不均的问题。

前述制备的针状焦称为生焦，需要经过高温煅烧变成熟焦（煅烧焦），以进一步提升针状焦性能，拓宽针状焦的应用领域。然而，生焦的高温煅烧也极具挑战性。与传统的石油焦煅烧不同，针状焦的煅烧温度高达1500℃以上，而当时国内回转窑的耐火材料难以承受这样的高温。为了打破这一瓶颈，科研团队开始与国内耐火材料研究机构合作，专门研发高温耐火材料，以适应针状焦的高温煅烧环境。经过多次实验和材料改进，成功研发出能够耐受1500℃以上高温的耐火材料。在高温煅烧技术取得突破的同时，团队还对生焦的脱水、均质处理进行了优化，进一步提升了煅烧焦的质量稳定性。

经过多年的努力与创新，科研团队终于攻克了针状焦生产中的各项技术瓶颈。1995 年，在锦州石化建成了我国第一套石油针状焦工业装置，针状焦年产量达到 4 万吨，填补了我国在优质针状焦领域的空白。之后，锦州石化又建设了两套针状焦生产装置。2023 年，锦州石化 40 万吨 / 年针状焦装置开工建设。

>>>锦州石化 40 万吨 / 年针状焦装置开工建设

针状焦生产对原料的要求非常苛刻，尽管锦州石化用辽河原油的催化裂化油浆生产出了高品质的针状焦，但是该技术对国内其他原油的适应性并不好。面对快速增长的市场需求，需要开发出对原料更具有普适性的针状焦生产技术。

中国石油大学（北京）将超临界流体萃取分离应用于催化裂化油浆的处理，通过“掐头去尾”，只留下富含芳烃的理想组分，作为优质的针状焦生产原料，形成了针状焦原料的高效处理技术。该技术不仅能够对特定的油浆进行提质，以生产品质更优的针状焦，而且极大拓宽了针状焦原料的范围，可以使用多种原油的催化裂化油浆原料，能够有效保障针状焦产品的市场供给。

中国石油大学（北京）与山东益大新材料股份有限公司合作，于2017年建成催化裂化油浆生产针状焦工业装置，并实现稳定运行。该工业装置对催化裂化油浆性质的波动表现出了良好的适应性，所产针状焦的品质受油浆原料的影响较小，性能非常优异，打破了国外对高端针状焦市场的垄断，填补了国内用于锂电池高性能电极材料的空白。

国内针状焦企业在扩产的同时，不断加强技术研发，在原料处理、延迟焦化工艺和高温煅烧等技术上不断取得新突破。国产针状焦正逐步迈向国际，为钢铁和新能源产业提供更多的高端原料。

>>> 山东益大新材料股份有限公司

雪花膏与化妆品

化妆品是指以涂擦、喷洒或者其他类似的方法，散布于人体表面皮肤、毛发、指甲、口唇等部位，以达到清洁、消除不良气味、护肤、美容和修饰目的的日用化学工业品。化妆品中常用烃类化合物作为原料，名目繁多，但主要是白油、石蜡和凡士林。

白油是一种无色、无味的黏稠状透明液体，主要成分为中等碳链液体烷烃的混合物，主要是从石油的减压馏分经过脱蜡、中和及精制处理而制得的，常用来制造乳剂类、膏霜类化妆品。白油有许多规格的数字编号，号数越大黏度越大。白油的异构烷烃含量高，能使皮肤正常呼吸、排出汗液；若正构烷烃含量高，则会在皮肤表面形成障碍性薄膜，影响皮肤透气。

石蜡是从石油中提取出来的矿物蜡，是目前生产量最大、应用最广泛的一种工业石蜡。石蜡是石油分馏后包含在减压馏分中的各种高分子饱和烃类的混合物，是白色至黄色、略带透明、无臭无味的结晶性蜡状固体，熔点 50～70℃。石蜡有优良的物理性能和很好的化学稳定性，可用于膏霜类多种化妆品。

凡士林是白色或淡黄色的半透明油膏，能溶于氯仿和油类，不溶于乙醇和水，是制作发蜡、发乳、冷霜润肤油、防裂护肤霜等化妆品的重要原料。凡士林采用原油减压渣油中脱出的蜡，掺入中等黏度润滑油经精制而成。用于化妆品的凡士林色白、无臭，结构细腻均匀，呈半透明状。

除了上述三种外，化妆品中的乳化剂、防腐剂、增黏剂、湿润剂、紫外线吸收剂和色素等也多是石油工业的副产品。说起这些材料与化妆品的结缘，似乎雪花膏这种东西大家更为熟悉。

20世纪五六十年代，女孩子们的化妆品十分稀少，但是有一种雪花膏似乎家家都用得起。雪花膏得名的原因是它搽在皮肤上会立即消失，就像雪花在皮肤上融化一样。雪花膏的主要原料是硬脂酸、香精以及起保湿作用的甘油、丙二醇和聚乙二醇等保湿剂，可以阻止皮肤水分蒸发。这些起到保湿作用的物质大部分可以从石油化工领域获得。女士在敷粉前，也常常先涂上雪花膏，因为保湿剂有黏附力，可以黏附香粉并避免粉粒钻进毛孔。

雪花膏最早来自英国。1886年的英国医学会第54届年会中，英国医药公司——宝威药行的两位创始人将夏士莲雪花膏进行了展示，并获得广泛关注。这是可见史料中夏士莲雪花膏面向公众的最早记载，也是一次非常成功的亮相。1892年，夏士莲雪花膏正式投入生产。19世纪末，英国“夏士莲雪花”商标迅速占领了欧风西雨侵袭的上海化妆品市场。“雪花膏”这个形神兼具的名称，正是意译自该品牌。

20世纪30年代，上海城市的街头到处都能看见漂亮的雪花膏广告。旧日的广告上，印着当红明星白杨甜心一般的笑容，梳妆台前的美好身影，让当时的女人心生对美的无限向往。它是“最为爱美仕女之妆台良伴”。在那个动荡不安的时代，只有老上海的名媛们才能用得起的雪花膏，是当时不折不扣的奢侈品。

至少从20世纪20年代起，雪花膏的制造工艺便通过大众报刊和通俗读物广为流传了。比如在1922年的《通问报》中，是这样描述雪花膏制法的：“……其制法甚为简单，兹将制法开列如左：碳酸镁、白凡士林、硼酸十分、居里色林一分、龙脑五厘，以上五件药品，另外用酒精一二滴调和，即成雪花膏。”

>>> 夏士莲雪花膏瓶样

除了雪花膏外，19 世纪中后期还出现了凡士林等种类的护肤品，这主要归功于罗伯特·切斯堡的努力。19 世纪 50 年代，出生于英国的切斯堡开始炼制并出售煤油以供人们照明。有一天，当他看到一个清理炼油设备的工人收集炼油残渣用来治疗皮肤伤口后，他开始对石油提炼物可能拥有的愈合作用产生了浓厚的兴趣。经过多年的研究，切斯堡开发出了一款纯净、无异味、安全的“石油凝胶”，并注册了凡士林（Vaseline）商标。该名字取自萨克森语 Wasser（water，水）和希腊语 Oleon（oil，油）。他开始推着一辆货车到处叫卖，生意发展得很快，挣了不少钱。

1873 年，他说服高露洁帮他分销产品，这样的合作一直持续到 20 世纪 50 年代。他的产品还获得了包括 1876 年英国著名医疗杂志《柳叶刀》在内的不少医疗机构的推荐。1880 年，他自己的推广凡士林的公司正式成立，但第二年就被约翰·洛克菲勒的标准石油公司收购。后来，由于凡士林所含的石油提取物具有加速伤口愈合的效果，它还更多地被用于医疗领域而非美容化妆。

进入 20 世纪以后，由于石油化工、物理学、生理学和医药学的空前发展，许多新的原料、设备和技术被应用于生产化妆品，使化妆品种类迅速丰富起来，但它们都有一个特点，就是越来越多地开始采用现代石化工业的新材料，例如，滋润皮肤的润肤霜、营养霜、粉底霜、防晒霜、奶液的主要成分离不开石蜡、凡士林；面膜类产品的主要成分已经不再是高岭土、面粉等，而是聚乙烯吡咯烷酮、羟甲基纤维素和聚乙烯醇等。科学让女人更美，这个结论似乎放之四海而皆准。

>>> 凡士林

口红为什么这样红

张爱玲在散文《童言无忌》中写道："生平第一次赚钱，是在中学时代，画了一张漫画投到英文《大美晚报》上，报馆给了我五块钱，我立刻去买了一支小号的丹祺唇膏。"可见张爱玲对于口红的喜爱是发自骨子里的。她晚年深居简出，去世时身边的遗物只有手稿、假发和口红。好莱坞巨星伊丽莎白·泰勒曾说过："女人一生拥有的第一件化妆品，就应该是口红。"时至今日，口红在美容化妆品家族中仍然有着王妃般的地位。

>>> 为女人而红的口红

中国最早使用口红的证据是来自旧石器时代文物红山女神像的嘴唇上，先民们在女神嘴唇涂上朱砂。而在国外，关于口红的最早记录可以追溯到五千年前的古代苏美尔，女王命人从富含铅铁的岩石中获得红色颜料配方，用于双唇以增添迷人的红色。

大量出土的壁画表明约五千年前，古埃及人不分男女，个个红装，狂热的化妆风俗让口红第一次走向全民日常。古埃及人对汞的毒性知之甚少，他们甚至用一种含汞的叫作黑角菜海藻的红紫色植物做染料配制口红，这无异于与死亡“接吻”。第一个闻名于世的口红狂人应当是埃及艳后克里奥帕特拉七世，她对口红的极端喜爱引领了古埃及的时尚潮流，推动了口红制作技术的发展。

公元前 800 年开始发展的古希腊却不鼓励女人涂口红，甚至认为只有地位低贱的妓女才会用这些口红。到了古罗马时代，口红才又重新流行起来。到了黑暗的欧洲中世纪，口红又在一些地方开始被禁用。而在近代，英国女王伊丽莎白一世则成了一个口红迷，她喜欢用胭脂虫等物调制，从而缔造了英国的红唇风潮。由此可见，口红并非只是一种化妆品，它已经承载了一定比例的历史文化与价值观。

>>> 古埃及人在化妆

进入 19 世纪，工业化较早的美国成为口红发展的主要舞台，女性涂口红被广泛接受，众多女演员更是趋之若鹜。此时口红的原料也在发生变化，由油脂和染料组成的现代口红诞生，制造者将膏状口红装于小瓶子内，然后用刷子蘸上涂抹。

>>> 1867 年的口红外观

>>> 第一款旋转式的口红

>>> 第一支带有滑杆装置的口红

1884 年左右，娇兰公司发明了管状口红。1915 年，美国康涅狄格州沃特伯里的毛里求斯李维和史柯维尔制造公司制造了世界上第一支金属管口红，用指甲轻轻推动管身上的小滑杆，就可以让膏体伸出。这种口红的出现是化妆历史上的一次革命，也标志着现代口红的诞生。1923年，田纳西州的纳什维尔的詹姆斯·布鲁斯·梅森发明了旋转式口红管。这种方式的口红一直沿用到现在。

口红的成分也在时代的进程中不断发生变化。按时间顺序来分，胭脂虫、朱砂、“红蓝”花色素、重绛、石榴花、苏方木等都是口红的染料。但生物或植物染料相当昂贵，普及到百姓中几乎不可能，因此大量使用合成染料是当代口红的主要特征。如用橙色溴红酸染料制成的唇膏，会随嘴唇pH值的变化变成鲜红色，从而出现了“变色唇膏”；用带金属光泽的颜料则可制成珠光唇膏，它们都是着色剂在高分子烃类混合物中的溶液，可在唇肤的角质层上形成均匀薄膜，不溶于唾液，故持久牢固不流失，有助于防止嘴唇干裂。

除颜色外，口红和雪花膏、冷霜、奶液、发乳等乳化体化妆品一样，油脂和蜡类原料是组成基质的原料，主要起护肤、滋润皮肤等作用。所用的油脂和蜡类分为三类，即由动植物中取得的天然动植物的油脂、蜡和由这些油脂、蜡中分离出的脂肪酸和脂肪醇等；由石油资源中制得的矿物性的油脂、蜡；由人工合成的油脂、蜡等。另外，芳香剂、防腐剂等也占很小的比例。这些原料从复杂的有机化合物到完全自然的成分无所不包。可以看出，口红中的染料和部分油体来自石油炼制工业的白油和凡士林，虽然比例不大，但起到画龙点睛的作用，不可或缺。

变身重器

盘点炼油业的关键装备与大型装置

石油变身各种油品，需要多种关键设备与大型装置，这些国之重器，矗立于广袤的土地之上，如同顶天立地的巨人，为我国的发展提供着源源不断的动力。在成为炼油强国的道路上，炼油设备的发展至关重要。我国的炼油设备经历了从无到有，从进口到自主研发，从落后于世界水平到领先世界的历程。

Petroleum Stories

千万吨级常减压蒸馏装置拔地而起

20 世纪末，国外的炼油厂早已在千万吨级常减压蒸馏装置上攻城略地，而国内炼油厂却久久无法突破那道千万吨的门槛。这种差距怎能不让炼油人感到焦虑——如果不迎头赶上，差距只会越拉越大。

正当大家忧心忡忡时，一道消息如同春雷般炸开——国家决定要建设千万吨级常减压蒸馏装置了！但业内的人都知道，要在国内从未尝试过的领域中开辟新天地绝非易事，每前进一步都要面对未知的挑战。最终，镇海炼化作为老牌炼油厂，立下军令状，踏上了突破蒸馏塔千万吨规模的征程。

>>> 如今的镇海炼化（引自视觉中国）

任务虽然已定，但接下来该怎么做，成了摆在大家面前的一道难题。国内从未有过千万吨级蒸馏塔的建设经验，他们只能摸着石头过河，一步步向前。

建设初期，镇海炼化请来了具有丰富设计经验的洛阳石油化工工程公司作为帮手。然而，面对从未尝试过的千万吨常减压蒸馏装置的建设，大家的心中仍然有些忐忑。经过多次讨论，他们意识到一步跨越千万吨门槛风险太大，一旦失败，所有的努力都将付诸东流。最终，他们提出了一个“两步走，阶梯提升”的策略。第一步，依托厂内现有的Ⅲ套150万吨/年常压蒸馏装置，建造800万吨/年常减压蒸馏装置；第二步，根据运行情况再进行进一步升级，最终达到千万吨的目标。这一策略既可以避免步子过大带来的风险，又可以让他们在第一步的探索中积累经验，提高整个建设过程的可靠性。

建设策略和设计方案一经确定，项目便如火如荼地展开了。然而，随着工程的推进，困难也接踵而至。传统的手工电弧焊接技术，在面对高度翻一番的蒸馏塔时显得力不从心。在几十米的高空，焊接工人们不仅要克服高度的恐惧，还要与飞溅的火花做斗争。这种方法效率低下，每一次焊接都像是在走钢丝，稍有不慎便可能引发安全事故。

建设进度不能拖慢，安全问题也必须考虑。面对这个两难的局面，大家陷入了沉思。最终，他们将目光投向了新兴的焊接技术。经过一番调研和论证，他们决定采用“二氧化碳气体保护半自动焊接技术”，半自动化的操作模式让焊接工人们可以在地面上或安全地在操作平台上进行焊接，大大降低了高空作业的风险。不仅如此，这项新技术还能明显提升焊接效率，本来需要一个工人两天的工作，现在只需要半天就能完成。焊接技术的突破，为项目的顺利推进注入了新的活力，也让大家感受到科技进步带来的巨大力量。

随着一个个难题的解决，镇海炼化的建设步伐也越来越快。1999 年 10 月 29 日，800 万吨 / 年常减压蒸馏装置正式开始进原油加工。11 月 3 日，各产品全部合格进罐，实现了投料试车一次成功。接下来的运行中，蒸馏塔如同心脏一般平稳而高效地跳动着，为其他工艺过程提供了源源不断的原料。在一年半的平稳运转中，它证明了自身的可靠性和卓越性能，同时随着经验的积累和技术的优化，装置的各项指标都达到了设计要求，甚至超越了预期。大家明白，他们即将迎来最终的挑战——蒸馏塔千万吨级的升级改造。

在 15 天的紧张施工中，镇海炼化以惊人的速度完成了常减压蒸馏装置由 800 万吨 / 年到 1000 万吨 / 年的升级改造，每一个细节都经过精心打磨，每一滴汗水都凝聚着对未来的期待，每一次焊接都是对成功的渴望。2001 年 5 月 8 日，我国第一套千万吨级常减压蒸馏装置终于在期待中顺利投产运行。

随着镇海炼化的成功实践，中国终于具备了千万吨级常减压蒸馏装置的建设能力，这就像是一颗种子，悄然开启了国内炼油装置大型化的新纪元。千万吨级的蒸馏塔在国内各地如雨后春笋般纷纷冒出地面，争相向天际伸展。

其中，2022 年投运的盛虹炼化一体化项目常减压蒸馏装置，单套规模达到 1600 万吨 / 年，是目前我国在役单套产能最大的同类装置。

常压塔（直径9.8米，总长73.15米，设备重量838吨）

减压塔（最大直径14米，总长58.37米，设备重量1187吨）

>>>盛虹炼化一体化项目常减压蒸馏装置吊装照片

被国家列入禁止出口名单的“巨无霸”

>>> 镇海炼化的渣油加氢反应器及其安装图片（镇海炼化供图）

2019年，在位于中国东部沿海的大型炼油厂——镇海炼化厂区内，远远望去，两座细长高大的圆柱形装置静静地矗立在大地上，它们的高度超过70米，相当于20多层楼高。这些外表犹如火箭的装置实则是重达2400吨的沸腾床渣油加氢反应器，是全球最高加氢反应器。

为什么要建造如此庞大的加氢反应器呢？这一切都源于全球能源结构的变化。随着轻质油品需求的不断增加，炼油行业需要不断创新，如何提高原油转化为轻质油品的效率，成为炼油行业的攻坚课题。而渣油加氢裂化技术，便是解决该难题的关键之一。该技术通过高温高压、氢气和催化剂的共同作用，将渣油原料的大分子烃类裂解为小分子烃类，从而生产出汽油和柴油等轻质油品。但是，要想实现这一过程，必须有能够承受高温高压的加氢反应器，这是渣油加氢裂化技术的核心装备。

制造如此庞大的反应器绝非易事。一天清晨，在齐齐哈尔市的一座工厂里，空气中弥漫着一丝紧张和兴奋，工程师们正在迎接一项前所未有的挑战——制造全球最高的加氢反应器。承接如此艰巨任务的公司便是被誉为“国宝”的重型机械制造企业——中国一重集团有限公司（简称中国一重）。

面对新的制造挑战，中国一重迎难而上，肩负起制造这台世界最高加氢反应器的重任。巨型反应器的制造过程中困难重重：从反应器的超长超重，到热处理、探伤以及焊接的复杂工艺，几乎每一步都是对团队技术水平和意志力的巨大考验。为了确保每一个环节都万无一失，工程师们在车间里反复推演和试验，焊接工人们夜以继日地锤炼技术，力求每一条焊缝都能经受住最高强度的考验。

终于，在长达几年的精心打磨下，这台 2400 吨的“巨无霸”反应器终于面世。它不仅成为当时全球最高的渣油加氢反应器，更是炼油行业的一次伟大创新。为了将这台庞然大物安全地运送到它的安装地点，工程团队甚至动用了两台 850 吨的行车和一艘 1600 吨的浮吊船，更是创下了长江航道货物吊装的新纪录。

2020 年 6 月 1 日，由中国一重承制的全球首台超级浆态床 3000 吨浙江石化锻焊加氢反应器完工发运、列装起航。该设备的成功制造再次刷新了世界锻焊加氢反应器的制造纪录，标志着我国超大吨位石化装备制造技术继续领跑国际，进一步彰显了中国一重作为“大国重器”的技术创新能力和超级工程的创造实力。目前，这台设备已被列入禁止出口名单。

加氢装置的“心脏”

加氢是现代炼油企业不可缺少的加工流程。加氢装备很多，其中的新氢压缩机又称补充氢压缩机，主要承担着新氢增压的作用，具有进出口压差大、排气压力高、机组结构复杂等特点，一般采用往复式压缩机，被称为加氢装置的“心脏”。

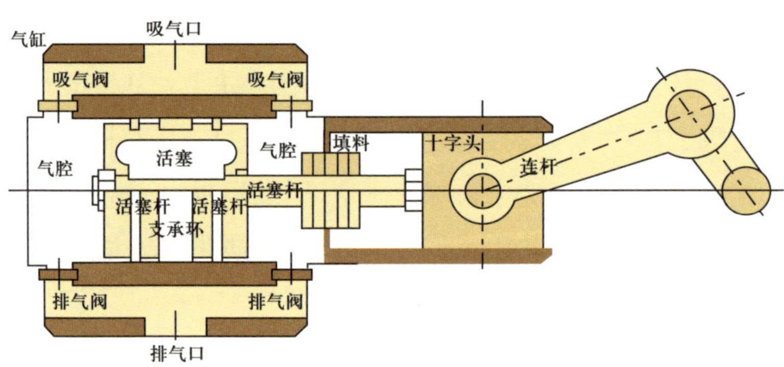

>>>压缩机内部示意图

然而，我国炼油企业加氢装置的“心脏”长期以来都是“外国心”。在20世纪90年代以前，50吨综合活塞力以上的往复式新氢压缩机主要依赖进口，设备价格高且交货周期长，推进压缩机制造国产化迫在眉睫。随着我国炼油工业的快速发展，加氢装置的建设也逐渐迎来了高峰期。经过多次调研和技术论证，国家层面决定开展具有代表性的4M50型往复式新氢压缩机国产化攻关。然而，由于其复杂的结构参数、工艺要求以及高难度的设计制造任务，这一任务给当时的国内装备制造企业带来了巨大挑战。沈鼓集团股份有限公司（简称沈鼓）决定承担起国产化的重任，打破国外技术的垄断，实现往复式新氢压缩机的自主设计和制造。

沈鼓首次试生产的往复式新氢压缩机刚开始测试便遭遇了巨大的挑战，设备频繁出现故障、活塞杆磨损严重、吸排气阀倒气、密封件泄漏等问题接踵而至。在最艰难的时刻，甚至需要每周更换设备，并进行多次检修。面对如此巨大的压力，研究团队积极寻找解决方案。通过深入分析，团队发现了问题的根源：材料耐腐蚀性不足、设计细节考虑不周以及工艺流程需要优化。

知识链接

新氢压缩机机型命名

新氢压缩机机型命名为气缸列数或设计序号、机型代号、活塞力、排气量（吸入状态下，米^3/分）、排气压力（千克力/厘米^2）。例如，6M40—490/255 为 6 列气缸，M 型对称平衡型，活塞力为 40 吨力，排气量为 490 米^3/分，排气压力为 255 千克力/厘米^2。

走进沈鼓的生产车间，映入眼帘的是一片繁忙而有序的生产景象：吊车如巨人的手臂般稳健地搬运着沉重的部件，工人们专注地站在数控机床旁精准操控着设备，车间墙壁上的电子屏幕实时更新着压缩机的各项生产数据……在经历了无数次的技术改进和优化后，终于在 1990 年，这套机组成功应用于镇海炼化 80 万吨 / 年加氢裂化装置，性能达到了国际同类产品的性能水平，这标志着我国在往复式新氢压机国产化进程中迈出了关键的一步。

>>>沈鼓集团的工人在车间进行生产工作（沈鼓供图）

随着炼油技术的升级和企业规模的扩大，1998 年，沈鼓成功研制出综合活塞力为 80 吨力的 4M80 型新氢压缩机，并成功应用于茂名石化 200 万吨 / 年渣油加氢脱硫装置；2008 年，沈鼓成功研制出综合活塞力为 125 吨力的 2D125 型新氢压缩机，并成功应用于金陵石化 260 万吨 / 年蜡油加氢处理装置；2010 年，沈鼓成功研制出综合活塞力为 125 吨力的 4M125 型新氢压缩机，并成功应用于长岭炼化 170 万吨 / 年渣油加氢装置。

2011 年，沈鼓陆续收到多个炼化企业关于 4M150 机组的需求，最终决定以中化泉州石化 330 万吨 / 年渣油加氢装置中的新氢压缩机项目为依托进行研发。为实现最优设计，研究团队提出了多种方案，对机组进行了反复的结构优化和尺寸调整。经过多次计算与分析，最终的设计方案有效解决了大型机组的维修难题，在保证机组承受 150 吨额定载荷的同时，使预期振动幅值较原有机组降低了 50%，显著提升了机组的运行稳定性。

2013 年 7 月 24 日，国内最大、最先进的国产化首台 4M150 往复式压缩机诞生了。2014 年 5 月，该设备在中化泉州石化 330 万吨 / 年渣油加氢装置现场成功投产，打破了国外公司对该机组的垄断，也标志着沈鼓的往复式压缩机制造能力已经达到世界领先水平。

>>>沈鼓集团设计的 4M150 大型往复式压缩机组（沈鼓供图）

新氢压缩机的成功不仅是技术上的突破，更是中国装备制造业迈向高端化、智能化的重要标志。从 2D125 到 4M125 再到 4M150，这绝不是简单的数字变化，而是一次开创历史新篇章的跨越。它标志着我国在大型往复式压缩机领域已经具备了世界领先的设计和制造能力。

旋风分离器的“炫”

1982 年，大庆石油化工总厂中心会议室，一个又一个的意见被否决，氛围越来越凝重。无声的疑问在每一个人心里回荡，“难道真的离不开外国技术，又要去看别人脸色引进外国技术了吗？”

究竟是什么难题让大庆石油化工总厂的专家们束手无策、愁眉难展呢？原来是催化裂化装置中的高温烟气轮机才使用不到半年就坏了，导致催化裂化装置一下子就瘫痪了。经过层层剖析，问题的症结找到了：旋风分离器性能不好，高温烟气中的催化剂颗粒未能有效分离出来，导致烟气轮机被催化剂不断磨损，久而久之就彻底罢工了。

问题找到了，接下来就是该如何解决了。技术研讨会开了一场又一场，意见也分为两派，一派建议引进现成的外国技术，即引即用，方便快捷，何必自研，耗时耗力还不一定能成功；另一派坚持自研，只有结合国内工况，根据实际使用情况，才能开发出更适合中国炼油厂的技术。

> 知识链接
>
> **旋风分离器**
>
> 旋风分离器是催化裂化装置的重要组成部分。布置在沉降器顶部的旋风分离器用于将反应后油气中的催化剂颗粒快速分离。布置在再生器顶部的旋风分离器用于将再生烟气携带的催化剂颗粒分离出来。一旦旋风分离器不能将催化剂有效分离，再生烟气中携带的微量催化剂颗粒就会影响后续设备的运行，甚至损坏后续设备。

经过多番深入讨论，大家一致地选择了自研技术。是什么能够让大家放下争执不约而同地选择了一条明显更有挑战的道路呢？原来是大家都受够了外国人的傲慢。几十年来，外国人只允许我国引进他们落后的技术，且引进的技术还不一定能够完全适应我国工况。长此以往，大家心里都憋了一口气，所以这一次就算难度再大，也决定要开发自己的技术。

可随之而来的问题是，国内对于旋风分离器的研究几乎一片空白，由谁来解决这一大难题呢？

在深入的调研之后，一个人的名字在众人心中浮现，那就是时铭显。此时，时铭显刚刚攻克了天然气长距离输送过程中的除尘难题，基于这一突破还撰写了一系列颇具影响力的学术论文，这些论文受到了学术界瞩目。由于天然气除尘与催化剂分离技术均隶属于气固分离的范畴，时铭显的专业背景和实践经验使他成为攻克旋风分离器难题的最佳人选。

>>>1976 年时铭显与团队在成都研究天然气除尘项目合影

然而，当大庆石油化工总厂找到时铭显时，却发现他躺在了医院的病床上。原来，长期的高强度工作和过度劳累使他本来就有的胃溃疡进一步恶化，最终引发了严重的胃穿孔和大出血。为了挽救时铭显的生命，医生不得不切除了他大部分的胃。尽管手术很成功，但大病初愈，时铭显仍然需要长时间的休养。医生多次叮嘱他不可再过度劳累，以免再次危及生命。

那么，大病初愈的时铭显面对这一难题还会迎难而上吗？大庆石油化工总厂的工作人员看着虚弱的时铭显泛起了嘀咕。毕竟，经历这么一场大病，不管对谁来说都是一场身体和精神的双重巨大打击。

令人意料之外的是，时铭显了解情况之后，无视身体尚未完全康复带来的虚弱，毅然决然地投入到了我国旋风分离器的研发之中。

旋风分离器的研究需要专门的实验室，但是当时时铭显所在的华东石油学院搬迁至山东东营不久，学校地处茫茫盐碱滩，实验室、实验设备和实验人员无一不缺。面对这样的条件，时铭显没有退缩。没有实验室，没有实验设备，时铭显就拖着大病初愈的身体，请来几位焊工，自己担任设计师和工匠的双重角色，干起了有机玻璃活和白铁工活，亲手从无到有建起了一个旋风分离器实验架，开始了新的科研探索。

在时间的长河中，每一刻都流淌着宝贵的机遇，而此时的时铭显深知，每一分每一秒都至关重要。面对国内研究领域的空白，他陷入了深深的思索：是继续追随他人的脚步，修修补补，还是勇敢地开拓一条属于自己的创新之路？

他明白，如果选择前者，或许能够迅速看到一些成效，但这种暂时的解决之道，随时可能因新的挑战而崩溃。而选择后者，虽然前方充满了未知和困难，但只有真正属于自己的技术，才能从根本上解决问题，才能在未来的竞争中立于不败之地。

在无数个不眠之夜，时铭显反复权衡利弊。他思考的不仅仅是眼前的困境，更是长远的战略布局。他意识到，自主研发不仅是对技术的追求，更是对国家尊严和产业安全的捍卫。最终，他下定决心，哪怕前路荆棘密布，也要坚持自主创新，为我国的旋风分离器技术开辟一条不同于国外的崭新道路。

方向决定了，具体该怎么做呢？俗话说“打蛇要打七寸”，时铭显在分析国内外旋风分离器案例后，发现即使是相同的分离器，在不同的操作环境和条件下，其分离效率也会有显著的差异。他又进一步分析，发现问题原来出在旋风分离器的“生搬硬套”上，操作条件、催化剂等条件都变了，而旋风分离器尺寸参数没变，怎么可能会有好的分离效果呢？根据这一想法，时铭显提出了“旋风分离器尺寸分类优化”。找到旋风分离器的“七寸”之后，他反复研究 50 多组不同尺寸的实验数据，用不同的方法反复计算，最终创新地总结出了一套堪称国内外首创的“旋风分离器结构尺寸优化设计理论与方法”。自此，我国拥有了达到世界水平的旋风分离器设计理论。

理论有了，时铭显继续乘胜追击，利用“旋风分离器结构尺寸优化设计理论与方法”设计出了 PV 型旋风分离器。与以往的设计不同，PV 型旋风分离器在实验室优化阶段便确定了大部分尺寸和参数。更为重要的是，它为不同操作条件提供了可调节的入口截面比和排气管下口直径比等参数，能够根据具体工况量身定制旋风分离器。这一改进显著提升了分离效率，同时也增强了设计的灵活性，使得旋风分离器的设计更加合理和高效。

实践证明了 PV 型旋风分离器的良好分离效果。企业更换了 PV 型旋风分离器后，催化剂平均单耗从 1~1.2 千克 / 吨大幅度降低至 0.3~0.4 千克 / 吨，并且烟气轮机的使用寿命也一举从半年提高到三年。在当时的经济条件下，一台 PV 型旋风分离器就能够为企业增加数百万元人民币的效益。

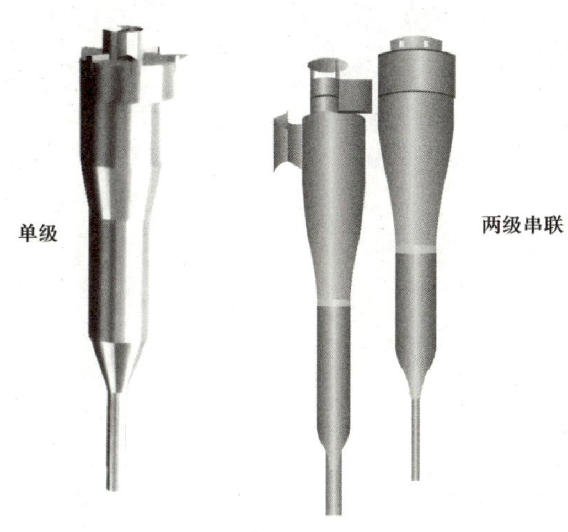

>>>PV 型高效旋风分离器

从此，我国的旋风分离器告别了进口，进入国产的阶段，时铭显院士开拓了我国旋风分离器的自主研发之路。目前，我国旋风分离器的水平已稳居世界前列。

炼“金”有术

中国炼油工业院士风采

我国石油炼制的发展历程中，涌现出了一批为国家奉献毕生精力的卓越科学家和工程师。他们以非凡的智慧和坚韧的精神，研究和传播让石油变身的各种“魔法”，不仅在技术层面引领了行业的变革，更在精神层面激励了一代又一代的后继者。

中国炼油技术的奠基人侯祥麟

>>>侯祥麟

2011年5月，为展现中国现代科学家的辉煌业绩和伟大精神，中国邮政发行了中国现代科学家第5组纪念邮票。其中，一枚邮票的背景图案是位于房山区的燕山石化首套乙烯装置全景，邮票上的科学家则是化学工程学家、燃料化工专家、我国石油化工技术的开拓者、炼油技术的奠基人——侯祥麟。

侯祥麟1912年在广东汕头出生，1931年考取北京大学化学系。在听闻“九一八”事变后，他和众多的学子们一起来到南京向国民政府请愿抗战，向抗战前线捐献物资。大学毕业后，侯祥麟前往国立中央研究院化学研究所深造。“七七”事变和上海沦陷后，他积极投身抗日救亡活动之中。

1938年，侯祥麟加入中国共产党。根据党组织的安排，他作为一名青年技术人员，一直辗转在后方从事与炼油化工有关的工作。受党组织委派，侯祥麟于1945年至1948年在美国卡耐基理工学院化学工程系攻读博士学位，1950年返回北京工作。

新中国成立初期，朝鲜战争前线使用的爆破筒、手榴弹和子弹所用的炸药都离不开甲苯这种石化原料。作为军需物资，当时甲苯在国内十分紧缺。大连工业化学研究所研发出了正庚烷脱氢环化制甲苯技术，并在中型试验中获取了数据。在此基础上，侯祥麟经过认真论证，提出了一个可行的甲苯生产方案：锦州石油六厂水煤气合成出来的油都是直链烷烃，分离出碳七（正庚烷）组分，再应用大连工业化学研究所的脱氢环化技术，即可实现甲苯的工业化生产。后经燃料工业部审批，得到徐今强部长、刘放副局长的同意后，侯祥麟作为石油管理总局的代表，亲自组织了这项工程的建设工作。这是一项支持抗美援朝的科研项目，石油管理总局十分重视，先后派出多位专家来到大连参与工业化设计。

由于当时国家经济困难，在装置建设过程中，侯祥麟因地制宜地采用现成的技术和设备进行改造利用。经过大家共同努力，一套年产 2000 吨甲苯的装置在锦州石油六厂顺利建成，成功生产出了甲苯，进一步转化为硝基甲苯后供部队使用。这套装置是我国炼油工业第一套自主研究、自主设计、自主建设的工业化生产装置，其顺利投产增强了我国炼化工业自力更生发展的信心。

20 世纪 50 年代，中国仅有的几座小型炼油厂也在战争中严重受损，一时无法启动生产。再加上我国又遭遇西方的禁运，国内面临油品短缺的严峻考验，直接威胁着国家的经济建设和国防安全。一次偶然的机会，侯祥麟敏锐地发现我国与苏联使用原油中硫元素含量不同。于是他大胆地尝试在航空燃油的生产工艺中引入硫化物，终于突破了高温烧蚀的难关，让中国有了自己的航空煤油。

后来，新中国开始研制原子弹、导弹等大型武器，急需特殊润滑油。侯祥麟又组织科技人员开展了相关研究。那时国家正处于非常困难时期，物资紧缺，粮食产量很低，科研人员长时间超负荷在实验室现场工作，却吃不饱肚子。再加上合成实验过程所接触的原料许多是有毒甚至是剧毒的，条件简陋，没有完善的劳动保护设施，难免遇到一些同志中毒受伤。但是，即使在这种艰苦的条件下，参加研究实验的同志不抱怨、不叫苦，奋发图强，努力工作。1962 年底，侯祥麟和其他科研人员一起研制成了全氟润滑油及其他相关品种，并于 1964 年生产出了合格产品，保障了原子弹的成功爆炸，也使我国成为世界上仅有的几个能生产全氟碳油的国家之一。之后，在侯祥麟的带领下，科研人员又成功研制出了新型地对地导弹和远程导弹所需的各类润滑油。

侯祥麟不仅精通技术，带领大兵团作战，攻克技术难关，还高瞻远瞩，谋划资源可持续发展，更在国际舞台上拓展中国石油技术的影响力，是公认的石油领域的战略科学家。1978 年起，侯祥麟历任石油工业部副部长兼石油化工科学研究院院长、中国石油学会理事长、中国化工学会副理事长等职务，以渊博的学识和全部的精力为我国石油化工事业做出了卓越贡献。

2003 年，91 岁高龄的侯祥麟以课题组组长的身份主持启动“中国可持续发展油气资源战略研究”。2004 年 6 月 25 日，侯祥麟作为课题负责人出席了一次重要会议，并作汇报发言。侯祥麟在发言中实事求是地分析了我国油气可持续发展的历史、现状和未来。汇报结束后，他急忙赶往医院看望妻子，那时相濡以沫的爱人已经深度昏迷，他未能听到妻子说的最后一句话。亲人走了，可工作还要继续。一个月后，侯祥麟再次召集“中国可持续发展油气资源战略研究”项目团队的原班人马，开始了油气可持续发展与替代战略研究。他说，现在我最大的愿望就是能发挥余热，再为国家多做点事。

>>>2003 年，侯祥麟参加“中国可持续发展油气资源战略研究”研讨会

侯祥麟的一生，就是把自己满腔忠诚和才智都毫无保留献给祖国的一生，对于个人的得失，他从不放在心上。他一生操守廉洁，克己奉公，多次捐出所获奖金和家产财物，支援国家教育事业和炼化高科技人才的培养。

中国炼油工业的多次重大技术进步，都有侯祥麟和攻坚科研团队的脚印。尽管做出了卓越贡献，侯祥麟却很平淡地回顾自己的一生：“我深感国家的命运就是我们个人的命运，作为一个中国人，我为今天的中国感到骄傲；作为一名有着 60 多年党龄的中国共产党党员，我对我的政治信仰始终不悔；作为新中国的科学家，我对科学的力量从不怀疑，我为自己一生所从事的科学工作感到欣慰。”

侯祥麟不仅是一位杰出的科学家，更是一位胸怀家国、无私奉献的爱国者。他将所有的光荣与梦想融入民族复兴、强国富民的伟业中，在永攀科学高峰中展现中国科学家的独特精神气质。他高瞻远瞩的战略眼光、严谨务实的科学态度、自主创新的奋斗精神、无私奉献的崇高品格，将永远激励着后人。

为纪念侯祥麟院士的杰出贡献和崇高精神，经何梁何利基金评选委员会推荐，中国科学院紫金山天文台申请，国际小行星命名委员会批准，由中国科学院紫金山天文台发现的编号为236845号的小行星被命名为“侯祥麟星”。这体现了国际社会对侯祥麟院士科技成就的褒奖。

证书

谨以我台发现的国际编号为二三六八四五号的小行星誉名为“侯祥麟星”，刊布于世，永载史册。

中国科学院紫金山天文台
二〇二〇年一月

CERTIFICATE

We solemnly announce that the asteroid discovered by this observatory and numbered 236845 Internationally, be named in honour of Houxianglin. It is hereby made known to the world and which will go down in history forever.

Purple Mountain Observatory
Chinese Academy of Sciences

>>> “侯祥麟星”铜匾——命名证书

筑梦石油、献身核化的曹本熹

曹本熹 1915 年出生于上海的一个普通职员家庭。父亲曹永城是南洋公学的毕业生，坚信科学和实业是国家强盛的根本，他曾在英商上海永明人寿保险公司任高级职员，但在 1937 年抗日战争爆发时，因不满沦陷区的局势毅然辞职。母亲陈稣生是一位贤淑的女性，对曹本熹及三个弟妹的教育极为重视，教导他们要恪守温、良、恭、俭、让的传统美德。

曹本熹的少年时期，正值中国内忧外患，社会动荡不安。“九・一八”事变后，日本侵占东北三省，炮轰淞沪，战争的硝烟笼罩着他的家乡上海。作为一个敏感而有责任感的年轻人，曹本熹在目睹家园被侵略者蹂躏后，心中的愤怒和无奈逐渐转化为一种坚定的决心——必须用科学和知识拯救这个备受苦难的国家。

曹本熹将救国的希望寄托在科学与工业上，他刻苦学习，梦想着通过科学救国，为国家的繁荣与独立贡献力量。1934 年，他以优异成绩考入清华大学化学系，迈出了科学救国的重要一步。

>>>青年时期曹本熹

在清华大学期间，曹本熹是一个埋头苦读的学子。在张子高、高崇熙、萨本铁等化学大师的教导下，迅速成长为一个学识渊博的青年才俊。曹本熹常常泡在图书馆里，阅读大量的专业书籍和期刊。他深知，未来的中国需要扎实的知识和技术来支撑工业发展。

1937 年“七七”事变后，清华大学被迫南迁。在战火纷飞的环境中，曹本熹不仅如期完成了化学系所有课程，还积极参与学校的南迁工作。

1942 年，抗日战争的阴霾笼罩着整个中国。而当时国内的化学工业发展缓慢，技术力量薄弱，无法满足国家抗战的需要。面对这种局面，曹本熹深感焦虑，如果想要真正实现“工业救国”的理想，必须进一步提升自己的专业知识和技能。正值此时，英国文化委员会在中国招收留学生，他决定抓住这一机会，远赴英国伦敦帝国理工学院攻读化学工程博士学位。

曹本熹怀揣着科学救国的梦想，踏上了前往英国的航船。那时的欧洲正处于第二次世界大战的战火中，伦敦经常遭受德军的轰炸，生活条件十分艰苦。然而，曹本熹始终没有动摇自己的信念，克服了种种困难，跟随当时世界上最顶尖的化工专家学习。1946 年，曹本熹以优异的成绩获得化学工程博士学位后，立即决定回到战后百废待兴的祖国，推动国家的重建。

回国后的曹本熹被清华大学聘为化学工程系的副教授，并代理系主任。面对一个几乎从零开始的系科，他带领师生们废寝忘食地工作，自己动手搭建实验室，亲自参与到每一个教学和科研环节中。在他的带领下，清华大学化学工程系迅速发展，推动着新中国化学工业的人才培养和技术发展，成为全国最具影响力的系科之一。

>>>1947 年，清华大学化工系首次学术会议全体早期教师合影（居前正中为曹本熹）

1952 年，国家提出高等院校调整方案，以清华大学石油工程系为基础，筹建北京石油学院。作为学院的主要奠基人之一，曹本熹肩负起了筹建和发展北京石油学院的重任。他深知，石油工业对于国家的经济建设至关重要，而石油工业的发展离不开大批高素质的专业人才。

在当时的北京，建造一所现代化的学院并非易事。学院初创阶段，实验室和图书馆的建设遇到了重重困难。曹本熹不辞辛劳，亲自招聘设计人员，参与设计图纸的审定，并从全国各地调集仪器设备。尽管条件艰苦，他始终保持乐观态度，激励身边的同事和学生，号召大家以国家的需要为己任，共同克服困难。

在他的带领下，北京石油学院的各项建设工作迅速展开。不到一年时间，教室、宿舍、实验室等基础设施相继落成，学院初具规模。1953 年 10 月 1 日，北京石油学院正式成立，曹本熹被任命为教务长，全面负责学院的教学工作。

作为学院的领导者，曹本熹深知科研对于高等教育的重要性。他提倡教学与科研并重，要求教师不仅要传授学生知识，还要带领学生开展科学研究，培养他们的创新思维和实践能力。北京石油学院迅速崛起，成为新中国石油科技人才培养的摇篮，为国家的石油工业输送了大批技术骨干。

>>>1961 年，主管教学的校领导贾皞（左）、曹本熹（中）、李风（右）在研究教学工作

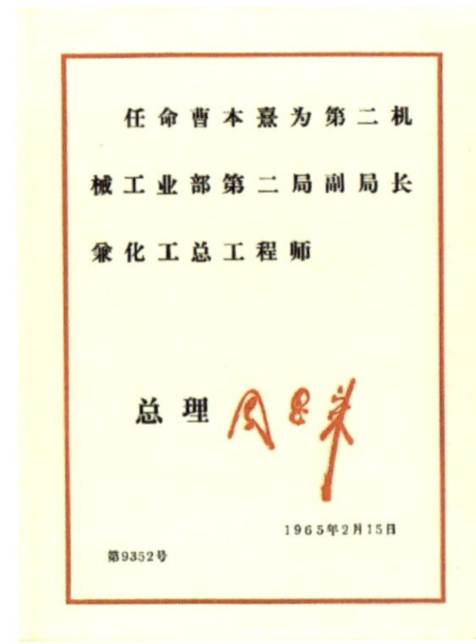
任命曹本熹为第二机械工业部第二局副局长兼化工总工程师

总理 周恩来

1965年2月15日

第9352号

>>>任命书

1963 年，国家的核工业建设进入关键阶段，曹本熹奉命调任第二机械工业部，担任第二局副局长兼化工总工程师。尽管这一转变意味着他将离开熟悉的石油化工领域，但曹本熹毫无怨言，毅然接受了这一挑战。在核化工领域，他领导和参与了多个重大科研项目，推动了中国核化工技术的发展。

曹本熹积极投身于核化工技术的研究中，解决了多个关键技术难题，为中国的核工业发展做出了重要贡献。尽管工作异常艰辛，但曹本熹始终坚持在一线工作，以实际行动为国家的国防建设贡献力量。

1982 年，曹本熹被诊断出患有直肠癌，尽管病情严重，他依然没有放下手中的工作。每天，他都在办公室里翻阅资料，撰写报告，指导科研项目，直至生命的最后一刻。1983 年 12 月 25 日，曹本熹因病去世，享年 68 岁。曹本熹逝世后，家人遵照他的遗愿，将遗体捐献给医院用于医学研究，并将多年积蓄全部捐赠给社会福利事业。他的妻子魏娱之更是决定将家中的所有积蓄捐出，用以帮助社会上的弱势群体。

曹本熹的一生，是无私奉献的一生。他在清华大学、北京石油学院和第二机械工业部的工作中，为国家石油化工和核化工事业的发展做出了卓越贡献，他的精神永远激励着后来者，继续为祖国的繁荣昌盛而奋斗。

中国催化创新的追梦人闵恩泽

在1924年的四川成都红照壁街的一座书香院落里，一个名叫闵恩泽的男孩出生了。从小，他就展现出对知识的热爱，精通书法，有扎实的数学基础。1946年从国立中央大学毕业后，他被分配到上海第一印染厂实习。当时社会动荡、物价飞涨，面对困境，闵恩泽深感迷茫，对国家和个人的前途产生了怀疑。

1948年，闵恩泽远赴美国继续深造。之后，由于朝鲜战争的影响，他被迫留在美国。在1951年至1955年间，他在美国纳尔科公司工作，通过亲身实践了解了公司如何从市场和用户中发现问题、开展研究、回馈用户、开拓市场等经验。这段工业开发经验成为他未来工作的宝贵财富。

>>> 闵恩泽

1955年，闵恩泽想方设法突破美国的封锁，取道香港，回到了阔别8年、朝思暮想的祖国，开始参加新中国建设。1960年，苏联逐步减少对中国的催化剂供应，直接威胁到航空汽油的生产。面对危机，闵恩泽挺身而出，组织开展催化剂的研发，最终成功生产出了我国的高质量小球硅铝催化剂，奠定了我国炼油催化剂发展的基础。

1964 年，小球硅铝催化剂研发成功，然而，病魔却悄悄降临。闵恩泽在医院检查时被发现得了肺癌，医生安慰他只是长了良性结核瘤，他在手术后便投入到工作中。直到 4 年后，他才意识到自己患有肺癌，而这段时间他一直专注于催化剂的研究。女儿形容他“脑子太单纯，只会想催化剂”，这既是对他的心疼，也是对他一生最大的褒奖。

即使我国炼制催化剂已有了长足的发展，但闵恩泽并未停歇。在 20 世纪 80 年代，他不知疲倦地推动着催化剂的创新研发工作。他的研究成果异晶导向合成和磷酸铝改性方法制备水热稳定性优异的 ZRP-1 分子筛，被评为 1995 年全国十大科技成就之一，为重油催化裂解制取低碳烯烃新技术的开发提供了支持。他在非晶态合金催化剂和磁稳定床反应工艺方面的创新研究，获得 2005 年国家技术发明奖一等奖。

进入 21 世纪，环境保护成为共识，闵恩泽将催化科技应用于绿色化学。他在古稀之年进入生物质资源利用新领域，利用油料作物开发生物柴油，旨在降低我国对进口石油的依赖，减少二氧化碳排放，保护环境。

除了在科技领域的杰出贡献，闵恩泽在人才培养方面也表现出色。他设立奖学金，鼓励年轻人积极投身科研工作。在为国家做贡献的同时，他注重团队精神的培养，让学生们茁壮成长。闵恩泽强调吃亏，认为作为团队领导者，首先要帮助别人取得成果。在这种“吃亏”哲学影响下，他领导的基础研究部一直保持着优良传统，充分发挥每个人的积极性。他的学生们纷纷成长为科研骨干，对于他的影响铭记在心。

在工作之外，闵恩泽过着简单并乐观的生活。他喜欢《敢问路在何方》这首歌，其中的“我挑着担，你牵着马”用质朴的语言体现了他提倡的各尽所能的团队精神。他的妙趣生活不仅表现在科技创新上，连做饭都成为一种催化的过程。他认为，“五味调和”同样是一种催化过程，精心研究炒辣椒的时间、火候、油温等，将科研的严谨带到生活中。

为了纪念闵恩泽的杰出贡献，中国石化石油化工科学研究院建立了闵恩泽院士纪念室暨石科院院士馆。在这个小小的空间里，保留了他生前的办公室原址，并展示了他的研究成果和取得的成就。这个地方见证了他一生对科技事业的不懈追求和对团队的倾心培养，成为弘扬科学家精神的生动教科书。

>>> 生活中的闵恩泽

中国人造石油学科的创始人朱亚杰

朱亚杰，1914年出生在江苏省兴化县的一个普通农家。他自幼志向远大，在家人的支持下，刻苦学习，于1934年考入清华大学化学系。大学时的朱亚杰一直致力于燃料化工和能源研究，立志“实业救国”。1935年12月9日，朱亚杰随数千名大中学生走上街头，参加了震惊中外的“一二·九”抗日救国示威游行。1937年抗日战争爆发后，他随校南迁，1938年毕业。1947年赴英国曼彻斯特工学院攻读化学工程研究生，1950年返回祖国在清华大学任教，开始了新的科研和教育生涯。

>>>在英国留学时的朱亚杰

1951年，朱亚杰带领团队承担了一个极具挑战性的任务。他与侯祥麟共同发起了一项自主研发任务，目标是研制出中国第一个石油产品添加剂——润滑油降凝剂。这种添加剂的作用是少量添加即可显著降低润滑油的凝点，使其在寒冷的环境中依然保持良好的流动和润滑性能。

当时，新中国的石油工业还处在起步阶段，润滑油产品质量无法与国际标准媲美。然而，朱亚杰和团队没有因此气馁，将差距压力化为研发动力，夜以继日地进行探索实验，尝试不同的化学配方和制备方法。终于，在无数次失败后，他们成功研制出了“801 降凝剂”。这种添加剂一经在实验室研发成功，就被迅速投入生产，并在大连石油七厂中试用。工业实践结果证明，它极大地改善了润滑油的性能，生产规模因此迅速扩大。这次成功不仅标志着新中国石油工业技术的突破，也让朱亚杰在国内化工领域声名鹊起。

1952 年 12 月，他受命参与筹建北京石油学院，并于 1953 年亲自担任我国第一个人造石油专业的教研室主任。在他的带领下，团队编写了《人造石油工学》教材，培养了大量专业人才。随后的几年中，中国的人造石油产业飞速发展，年产量从 1952 年的 25 万吨发展到 20 世纪 60 年代初的 60 万吨。朱亚杰倾注心血，为国家在找到大庆油田之前的十多年里，提供了宝贵的人才支撑。

1954 年，他被派往石油五厂，主持“鲁奇式低温干馏炉”的恢复设计和改造工作，这个炉子的设计图纸和技术资料在日本投降时已被全部焚毁。朱亚杰发动研究人员在炉壁上部燃烧室的入口处找到了燃烧喷嘴，并测绘了详细的结构图，这一关键发现为炉体的恢复奠定了基础。在他的建议下，低温干馏炉的出焦皮带上新加了抽风罩，极大改善了工人的操作环境。经过半年多的努力，该炉的设计任务终于完成，在 1955 年试车一次成功。

20 世纪 50 年代中期，朱亚杰再次展现出卓越的科研能力，首次在国内成功研制出粉煤流化干馏工艺，制取低温煤焦油，并将其作为锅炉发电燃料。尽管这一综合利用煤炭的新技术因故中途搁浅，但朱亚杰的创新精神和科研成果却得到了广泛认可。

20世纪60年代初，在响应党中央“各行各业大力支援农业”的号召下，朱亚杰带领科研组开展了褐煤空气氧化生产腐殖酸的研究。腐殖酸是一种重要的植物生长激素，能够显著提高农作物产量。在初步取得小试成果后，朱亚杰果断提出采用加压氧化的生产方式，成功缩短了氧化时间并提高了生产效率。

1965年，朱亚杰再一次接受国家的重任，带领北京石油学院的青年师生前往锦州石油六厂，参与国家科技攻关项目——顺丁橡胶会战。在中型试验中，他与团队通力合作，最终成功完成任务，北京石油学院因此获得了石油工业部的表彰。

1974年，辽阳化工厂从法国进口了一套30万吨/年的乙烯裂解炉。尽管说明书上标注的热效率高达87%，但朱亚杰经过详细的计算，发现实际效率只有83%。法国工程师不得不承认，他们为了商业利益夸大了数据。同一时期，他还对上海金山石油化工总厂引进的三菱式梯台炉进行了深入研究，推导出关键的计算值，为我国石化工业的技术改进提供了重要依据。

随着国际科技合作的深入，北京燕山石化总厂引进了美国鲁姆斯公司的30万吨/年乙烯生产设备，朱亚杰再次被邀请参与裂解炉数学模型的核算工作。他发现国外设计中存在1%的乙烯杂质未经过校正，导致热平衡计算出现误差。这一发现让国内设计人员大受鼓舞，也坚定了他们在学习外国先进技术时保持独立思考和科学批判的信心。

20世纪60年代，朱亚杰在北京石油学院组织人力开展油页岩热性质及热解生烃的研究。1981年，他在中国科学院山西煤炭化学研究所担任研究员，首次在国内创建了褐煤及油页岩超临界流体抽提制取人造石油的研究。这项技术很快在工业和重油加工领域广泛应用，特别是在我国石油和天然气资源紧缺的背景下，油页岩作为替代能源的研究尤为重要。

自1981年起，朱亚杰再次在北京组织力量，继续研究油页岩的热性质和热解生烃，取得了许多关键成果，并获得了设计油页岩干馏炉所需的工艺数据。1983年，他组织能源研究会的百余位专家编写了《中国能源研究报告》，对杜绝能源危机的建议进行了论证。后来实践证实，这项研究对我国能源工业产生了重要指导作用。1988年，该研究获得国家科技进步奖一等奖。朱亚杰的一生为祖国的能源事业做出了不可磨灭的贡献，已经成为石油科技界学习的楷模。

>>> 工作中的朱亚杰

矢志不渝、创新石化的武迟

>>>青年时期的武迟

武迟祖籍浙江杭县（民国时期杭州旧称），1914年出生于北京，他的父亲武曾傅是一位爱好诗书的知识分子，母亲严纯擅长绘画和作诗。武迟从小就生活在一个充满文化气息的家庭中，受到了良好的教育，展现出极高的学习热情和聪明才智。

1932年，武迟从杭州蕙兰中学毕业后，以优异的成绩考入了清华大学理学院化学系。在这里，他不仅掌握了扎实的化学知识，还因日本侵略中国的局势而激发了强烈的爱国心。1936年，武迟顺利从清华大学毕业，赴美国麻省理工学院化工系继续深造。1939年获得硕士学位之后，武迟没有继续攻读博士学位之后，而是选择进入麻省理工学院的化工实践学校。他认为，掌握实践经验比单纯的理论学习更重要，这种务实的态度促成了他未来在石油化工行业的成功。

1949年，新中国成立的消息传到美国，武迟决定回到祖国，为祖国建设贡献自己的力量。他放弃了在美国的稳定工作，带着满腔热情和大量专业文献资料，踏上了归国之路。

回国后，武迟在清华大学化工系任教，并参与创建了石油工程系。当时新中国的石油工业非常薄弱，他深知石油工业对一个国家的现代化发展至关重要。1952年，武迟与同事一起参与了北京石油学院的筹建工作，建立了燃料研究室，组织开展了天然原油和页岩油的加工研究。为了培养出能够支撑中国石油工业发展的专业人才，他积极创造条件开设炼油工艺课程，创建石油炼制专业实验室，在教学中积极推动启发式教学，注重理论与实践相结合，为中国的石油炼制行业培养了大批高水平的专业人才。

1959 年，大庆油田的发现让中国石油工业看到了希望。然而，大庆原油蜡含量高、易凝固，给炼制带来了极大的挑战。作为石油工业部的总工程师，武迟亲自参与了大庆原油炼制的技术攻关。他深入现场，分析问题症结，指导技术团队成功解决了脱蜡和抗凝等关键问题。这一突破不仅使大庆原油炼制难题得以解决，也为后续炼油厂加工类似原油提供了宝贵经验。

>>> 武迟、袁乃驹与部分 1956 届炼制系毕业生合影

后来，武迟参与领导了顺丁橡胶的攻关会战，这是中国首次自行研究、设计和建造的千吨级半工业装置。武迟克服了重重困难，带领团队成功完成了技术攻关。这一成就不仅填补了中国合成橡胶生产的空白，也为国家在这一领域的独立自主打下了坚实基础。

1972年，武迟被任命为石油化工科学研究院副院长兼总工程师，主要负责全国石油与化工科技规划和新技术开发工作。在这一岗位上，武迟继续发扬注重实践、严谨治学的精神，推动了多项重大技术的研发和应用。

在他的领导下，我国成功开发了铂、铱、铝、铈多金属重整催化剂，实际芳烃产率超过了设计值。这一技术突破助推中国炼油跻身国际先进行列，并获得了全国科学大会奖励。武迟还领导了提升管催化裂化的研发，并成功用于渣油加工，不仅提高了石油加工的效率，也带来了显著的经济效益。

1980年，武迟当选中国科学院学部委员（院士），这是对他多年为国家石油工业做出巨大贡献的高度肯定。尽管晚年武迟的身体状况逐渐恶化，但他对石油科技的热情丝毫未减。

在他生命的最后几年里，武迟仍然积极推动新型催化剂和炼油工艺的开发，特别是在择型分子筛催化剂的研究上取得了重大突破。这一技术后来广泛应用于多种炼油工艺中，极大地提升了中国炼油工业的技术水平。

>>>武迟在工作

我国催化裂化工程技术的奠基人陈俊武

>>>陈俊武

陈俊武，1927年出生于北京，祖籍福建长乐。他从小接受良好教育，展现出卓越的心算和速记才能，被誉为“神童”。在中学时期，他对化学产生了浓厚兴趣，并于1944年以优异成绩考入北京大学工学院化工系。1946年，他参观了抚顺人造石油厂，目睹了一套废弃的煤制油生产装置，内心受到极大震撼，深刻感受到中国石油化工产业的落后与贫乏。

大学毕业后，陈俊武站在了人生的十字路口：一条通往北京和沈阳，象征着安稳和舒适的未来；另一条则指向充满未知与挑战的抚顺人造石油厂，却承载着他的理想。尽管前者如同温暖的阳光般诱人，陈俊武最终毅然选择了那条布满荆棘的小径，登上了通往抚顺的列车，坚定地追寻自己的梦想。

陈俊武的脚步踏入了抚顺的土地，目的地是一座荒凉破败的人造石油厂。站在那片废墟之前，他内心的震撼无法用言语表达。厂区四周荒芜，设备老旧，缺乏基本的维护，工作场所狭小昏暗，四周的残垣断壁映射出一个时代的荒废，那是一个中国民众生活困顿、工矿企业一片萧条的时代。在那破败的人造石油厂前，陈俊武感受到了一种深深的时代召唤，他在心中默念：“挽弓当挽强，炼油工业才是英雄用武之地！”这不仅是对自己的激励，更是对未来的坚定承诺。在那一刻，陈俊武的人生轨迹仿佛经历了一次重大的重新定位，科技报国成为他毕生的追求。

环境艰苦、技术资料匮乏，以及简陋的生产条件，构成了一幅几乎无法用言语描绘的景象。但这一切并没有让陈俊武退缩，反而更加坚定了他的决心。陈俊武每天早出晚归，一边深入车间，一边将学过的理论与眼前的设备进行对照、反复琢磨。面对难题，他既向工人师傅学习，又向专家请教，衣服上常常沾满油渍的陈俊武是个不懂就问的“好学生”。

经过无数个日夜的奋斗，1951 年 7 月，全厂修复工作终于完成并投入生产。青年陈俊武在科技人员中脱颖而出，1954 年，他被评为抚顺市劳动模范，并光荣地加入了中国共产党。1956 年，年仅 29 岁的他，担任了石油工业部新成立的抚顺设计院工艺室副主任。1959 年，32 岁的陈俊武走进了新落成的人民大会堂，出席全国劳动模范和先进生产者代表大会，并被授予全国劳动模范称号。

在 1960 年的春风中，松辽石油大会战如火如荼地展开，石油工人们披星戴月，与大自然抗争，从地下挖掘出宝贵的石油。但是，中国的炼油技术仍旧停留在初始阶段，无法深加工提炼出更多更好的轻质油产品。在城市的街头，汽车背着煤气包的情景，成为这个时代的一种无奈写照。在这样的背景下，对比现实的无奈，陈俊武提出了他的比喻：“这就像有了上好的稻谷，却依然吃不上香喷喷的白米饭。”这句话，不仅是对当时状况的生动描述，也是对未来的渴望和追求。

在 1961 年底，陈俊武及其团队被选中承担一项充满挑战的使命——承担“五朵金花”技术攻关项目中的流化催化裂化技术攻关。34 岁的陈俊武成为中国首套流化催化裂化装置的主要设计师。

1965年5月5日，这一天注定要被镌刻在中国炼油工业史上。在抚顺石油二厂，中国第一套由自主设计、制造与安装的流化催化裂化装置成功投料试车。当清新的汽油从装置中流出时，陈俊武和现场的每一个人都激动得流下了热泪。

>>>2005年，陈俊武在中国第一套流化催化裂化装置纪念碑前留影

1969年，陈俊武踏上了前往洛阳的旅程。当时，洛阳炼油厂的建设任务重如山，技术难题接踵而至。而陈俊武，这位已经在催化裂化技术上取得显著成就的专家，再次面临新的挑战。但他的内心充满了坚定和激情，决心在这片土地上继续他的科技创新和工程设计之路。经过多年的努力，洛阳炼油厂不仅成功建成，还成为我国炼油工业的标杆。陈俊武不仅解决了一个个技术难题，更是在为整个炼油行业的未来探索和铺路。

1978年，陈俊武再次踏入人民大会堂。这一次，他以一位科技功臣的身份参加，他主导的催化裂化技术成果受到了国家的高度表彰。那一刻，他心中的自豪感溢于言表，所有的艰辛与付出都化为了无尽的荣耀。

1990 年，他被授予"中华人民共和国工程设计大师"称号。

1991 年，陈俊武的科学成就再次得到了国家的认可，被荣选为中国科学院院士。这不仅是对他个人的一种荣誉，更是对他长期以来在科学研究和技术创新领域所做出贡献的一种肯定。

2019 年，在全国隆重庆祝新中国成立 70 周年之际，中宣部向全社会宣传发布了陈俊武的先进事迹，授予他"时代楷模"称号，对他的贡献给予了高度评价。

进入耄耋之年，陈俊武依然每天奔波在实验室和工厂之间，亲自指导科研工作，解决技术难题。他淡泊名利，甘为人梯，培养了一大批高水平的炼化专家，同时资助了许多贫困学生和优秀青年，帮助他们实现梦想。陈俊武的无私奉献精神和卓越贡献赢得了无数荣誉——"全国优秀共产党员""全国劳动模范""全国五一劳动奖章""全国优秀科技工作者"，以及国家技术发明奖一等奖、国家科技进步奖一等奖。然而，对于这些荣誉，陈俊武总是轻描淡写，他说："我只是做了自己应该做的事。"

>>>2019 年 10 月 7 日，中宣部授予中国科学院资深院士、我国著名炼油工程技术专家陈俊武"时代楷模"称号

催化石油、炼尽风华的徐承恩

>>>年轻时的徐承恩

徐承恩于1927年出生在浙江省诸暨县一个普通家庭。他早年的求学之路并不平坦。1937年抗日战争全面爆发，徐承恩的家乡逐渐成为战争前线。为了避免战火的波及，他不得不离开家乡，来到位于丽水县的浙江省立临时联合初级中学继续学业。

中学的教室是稻草房，宿舍是祠堂和庙宇，学习条件非常艰苦，生活条件也极为简陋。然而，徐承恩和他的同学们在这样的环境下，依然保持了强烈的求知欲望。他明白，知识可以改变命运，而战乱中的学习机会更显得弥足珍贵。正是这种在艰难环境中的刻苦学习，使得徐承恩在初中阶段打下了坚实的基础。

1942年，由于日本侵略者逼近丽水县，徐承恩所在的学校不得不迁往了浙南山区的景宁县。尽管路途艰辛，生活条件更加恶劣，徐承恩却没有丝毫退缩。相反，这段艰苦的经历更加坚定了他报效祖国的决心。

徐承恩在艰难的环境中完成了中学学业，并在1945年进入浙江大学化工系深造。在大学期间，他专注于化工专业的学习，深知国家未来的建设需要大量技术人才，尤其是在能源和化工领域。

1949年，徐承恩从浙江大学化工系毕业后，被分配到东北的锦州合成厂（现中国石油锦州石化）工作。这座工厂是在日军侵华时期建设的，以煤炭为原料生产人造石油。日本战败投降后，工厂被迫停产。新中国成立后，国家决定修复这座工厂，解决国内石油短缺的问题。徐承恩作为工段长，承担起了工厂修复的重要任务。在锦州合成厂的这段工作经历，成为徐承恩职业生涯的重要转折点。通过不断的学习和实践，他掌握了人造石油的生产技术，并逐渐成长为一名优秀的石油炼制工程师。1951 年，锦州合成厂成功恢复生产，徐承恩的努力得到了充分认可，这也为他后来在石油炼制行业中取得卓越成就奠定了基础。

1959 年大庆油田的发现，标志着我国石油工业进入了一个新的发展阶段。作为一名经验丰富的炼油工程师，徐承恩被派往大庆油田参与原油试炼工作。然而，由于当时技术水平有限，试炼初期遇到了许多问题，如火灾、产品质量不合格、轻质油收率低等。面对这些问题和挑战，徐承恩并未退缩，而是带领团队不断探索和改进，最终取得了突破，使得大庆原油的炼制顺利进行。

徐承恩在参与大庆原油炼制开发的过程中，积累了宝贵的经验，为全国其他炼油厂提供了重要的技术支持。他还参与了南京炼油厂、福建炼油厂等多个炼油厂的设计和建设。在这些项目中，徐承恩提出了全新的设计理念，推行了装置密集布置、自动化控制与集中管理的模式。这一创新设计不仅提高了生产效率，还节省了大量的土地和资金，为我国石油炼制工业的发展做出了巨大贡献。

除了在石油炼制工艺设计上的卓越贡献，徐承恩还积极推动炼油新技术的开发。他主持并参与了尿素脱蜡、分子筛脱蜡等技术攻关项目，为我国生产高质量石油产品提供了技术保障。徐承恩还参与了多个国家重点项目的技术攻关，如大庆常压渣油催化裂化项目、甲基叔丁基醚（MTBE）生产工艺研究等。

在节能改造方面，徐承恩也做出了重要贡献。1978 年，他组织团队对上海炼油厂的常减压蒸馏装置进行了节能改造。通过采用先进的技术手段和优化设计方案，装置的能耗大幅降低，为全国炼油厂的节能改造工作提供了示范，取得了显著的经济效益。

徐承恩不仅是一位出色的石油炼制工程师，还是一位热心的教育者。为了培养更多的年轻技术人才，1988 年，他主动要求从领导岗位退居二线，全力支持年轻人的成长。在他的带动下，一大批年轻人成为石油炼制领域的专业带头人，有的甚至成为行业内的技术专家。他们继承了徐承恩的精神，在各自的岗位上不断为国家的繁荣富强贡献力量。

>>>2017 年 11 月 10 日，审查工程院咨询项目时，徐承恩（右）与汪燮卿（左）交谈

徐承恩为人谦逊，生活俭朴，始终坚持廉洁自律。他对自己的要求非常严格，从不利用职务之便谋取个人利益。尽管他主持和指导的许多项目获得了国家级大奖，但他却从未在获奖名单中留下自己的名字，而是将荣誉让给了他人。这种淡泊名利的精神，赢得了同事们的尊敬和爱戴。

即使年过 80，徐承恩依然不知疲倦地为我国石油工业发展贡献着自己的智慧和力量。他不仅参与了中国石化集团公司及国家一系列重大炼油工程项目的审核把关，还负责主编了《催化重整工艺工程》一书，推动了我国石油炼制行业的发展。

徐承恩用自己的智慧和汗水，为新中国的石油工业奠定了坚实的基础，为国家的繁荣富强贡献了自己的力量。他的故事，不仅展现了一名石油科学家的执着与奉献，也为年轻一代树立了光辉的榜样。

>>>徐承恩长期从事炼油厂的工程设计工作

攻坚克难、献身炼化的侯芙生

>>>侯芙生

侯芙生于1923年出生在江苏无锡的一个教师家庭，在童年时经历了战争带来的动荡，目睹了城市的破败和人民的流离失所，意识到国家的命运与个人的前途息息相关。1943年，侯芙生抱着“读书救国”的决心，考入国立暨南大学理学院化学系。

大学期间，侯芙生如饥似渴地学习化学知识，尤其对有机化学表现出极大的兴趣。侯芙生大学毕业时，由于没有社会背景，在上海竟找不到一份糊口的工作，于是被迫回到了家乡无锡，在同学的介绍下，在江苏无锡阳光中学当上了一名中学教师。

1949年新中国成立，侯芙生迎来了人生转折点。他辞去教师职务，远离家乡，奔赴吉林，投入到祖国的建设中去。他先是在吉林工业厅实验室当见习技术员，从事页岩油的加工研究，经过半年的时间，被调到东北石油管理局石油十厂当技术员，从此石油炼制变成了侯芙生的终身事业。

1956年，侯芙生被调到石油工业部工作，并参加了一个军用油品考察小组，奔赴苏联考察炼油工业。在短短的5个月内，他系统地学习了炼油工艺技术，增强了对中国发展炼油工业的信心，同时也意识到中国炼油工业的发展需要付出巨大的努力。回国后，侯芙生负责新产品的开发管理工作，并多次参加航空煤油、航空汽油、航空润滑油的生产试制和发动机试车工作。

20 世纪 80 年代初，我国炼油企业生产润滑油使用的是直接生产成品润滑油的方法，生产工序多，产品质量差，物耗能耗高且产量受限。1981 年，侯芙生肩负了一个新的任务和挑战——带领团队进行润滑油生产工艺的全面改革。

侯芙生决定采取一种全新的润滑油生产思路：先生产出高质量的润滑油基础油，再根据不同应用需求调配添加剂，进而生产出各种类型的润滑油。这一策略听起来简单，但背后却涉及复杂的工艺流程和技术难题。

侯芙生组织了一支精英团队，联合石油化工科学研究院和多家炼油厂，开始了这场艰难的改革。他们首先面对的挑战是制定一套符合中国原油特点的基础油标准。他带领团队，充分考虑国际标准和国内实际情况，制订了针对石蜡基、中间基和环烷基原油的基础油黏度分类标准。

接下来，他们选择了大连石油七厂作为试点，进行石蜡基原油基础油的工业试生产。侯芙生亲自到现场监督试验，提出了“高真空、低炉温、窄馏分、浅颜色”的蒸馏要求。团队经过无数次的调试和改进，终于生产出了符合标准的高质量基础油。这一基础油生产技术迅速推广到同类炼油厂，提升了润滑油的整体生产水平。

然而，生产出高质量的基础油仅仅完成了第一步。要提升国产润滑油的竞争力，还必须在配方和调和工艺上下功夫。侯芙生组建润滑油攻关团队专门研究如何将基础油与添加剂进行最佳调和。这个过程需要无数次的试验，他们夜以继日地工作，测试各种配方，逐一进行审定。

几年时间里，侯芙生作为配方审查小组的组长，组织审定了 100 多个配方。每一次成功，都意味着国产润滑油在质量和性能上的一次飞跃。最终，这场润滑油生产工艺的改革取得了圆满成功，极大地提升了润滑油的品种和质量。随着中高档润滑油的产量大幅提升，中国润滑油的市场竞争力得到了显著增强。

侯芙生在石油工业部和中国石油化工总公司工作期间，十分重视新技术的发展，积极指导和参与多个重大科技项目的攻关。其中，渣油加氢处理项目是他主导的一个典型案例。

渣油加氢处理是加工高硫原油、提高轻质油收率的关键工艺。20 世纪中后期，国际石油市场剧烈动荡。侯芙生意识到，我国需要尽快掌握渣油加氢处理技术，应对未来可能的石油危机。1994 年，侯芙生提出开发大型固定床渣油加氢处理技术的建议，这一提议立即得到了中国石油化工总公司的高度重视。随后，中国石油化工总公司决定在茂名石化建立一套 200 万吨 / 年的生产装置，并由科技部成立攻关组，开始全力进行技术攻关。

侯芙生是这一项目的发起者，也是主要推动者。他参与了从技术设计到设备选型，再到实际生产的每一个环节。首先侯芙生带领团队系统分析了各种原油的成分，最终确定了渣油的残炭、硫含量等关键控制指标；并在此基础上设计了渣油加氢处理的关键技术参数和主要工艺流程。

接下来的挑战是将这些理论数据转化为实际的生产工艺。侯芙生组织团队进行了小试和中试，验证了加氢处理工艺的可行性。他们选用了由抚顺石化研究院研发的脱金属、脱硫、脱氮系列催化剂，最终成功验证了工艺的有效性。随后，他们进一步优化工艺条件，并根据中试结果，设计了大型加氢反应器的条件。

经过几年的努力，茂名石化 200 万吨 / 年渣油加氢处理装置于 1999 年顺利建成投产。该装置处理后的常压渣油可直接作为重油催化裂化的原料。渣油加氢处理技术的开发不仅增强了我国炼油工业的技术实力，也为之后类似的项目研究打下了坚实的基础。

侯芙生不仅在炼油方面造诣深厚，而且在石油化工方面也成果非凡。20 世纪 90 年代初，巴陵石化从荷兰引进了一套 5 万吨 / 年的己内酰胺生产装置。1993 年初，在荷兰专家的指导下，装置开始试运行，然而多次尝试均未成功。因对环己烷氧化过程的安全方案有分歧，国外专家组几乎全部撤离，项目陷入僵局。在这一关键时刻，侯芙生受命带领团队接手这一棘手的任务。他深入现场调研，与技术人员反复讨论，最终提出了采用贫氧空气氧化、控制氧化釜尾气和总排出管尾气氧含量的解决方案。按照此方案实施后，装置成功实现了环己烷氧化，确保了安全稳定的长周期运行。

1991 年，抚顺石化建成了我国第一套 3 万吨 / 年的干法腈纶装置，但经过长达 22 个月的试生产，装置仍难以稳定运行，严重影响了后续装置的投产。1993 年 9 月，侯芙生带领专家组前往抚顺，开始了新的攻关。

通过深入调研，侯芙生发现问题主要出在纺丝机的升位率和原液质量控制上，同时纺丝机的设备问题导致大量溶剂和氮气泄漏，加剧了生产的不稳定性。对此，他提出了一系列针对性的改进措施，包括维修纺丝设备、严格控制工艺参数、确保原液质量等。经过改造后，装置终于实现了稳定生产，达到月产千吨的目标。

侯芙生的职业生涯跨越了 60 年，贯穿了我国石油化工行业的多个关键阶段。他凭借着坚韧不拔的精神和不懈的努力，不断突破技术难关，有力推动了我国石化行业的发展。

参考文献

边钢月，边思颖，张伟，等，2009. 我国石化装备国产化发展展望［J］. 中外能源，14（12）：71–75.

陈俊武，2005. 催化裂化工艺与工程［M］. 中国石化出版社 .

崔霞，田力记 . 记两院资深院士侯祥麟［EB/OL］.（2010–09–28）［2024–09–02］. https://www.cas.cn/zt/kjzt/11thkexing/9thkexing/dianshi9/9yideng3/201009/t20100928_2975941.html.

付伟，2011. 世界航空燃料规格及进展［M］. 北京：中国石化出版社 .

高彤，2022. 技术狂人——记石油化工机械专家时铭显［J］. 国企管理（10）：75–76.

谷梦麟，陈方伯，1996. 东北抗日义勇军在新疆［M］. 新疆：新疆人民出版社 .

何盛宝，2021. 炼油化工技术新进展［M］. 北京：石油工业出版社 .

贺迎春 .“催化”民族石油业发展进程（科学的春天———院士访谈录③）——专访石油炼制专家、中国工程院院士李大东［EB/OL］.（2018–11–17）［2024–09–02］. http://paper.people.com.cn/rmrbhwb/html/2018–11/17/content_1893287.htm.

侯宝东，2000. 炼油改扩建工程要继续深化工厂设计模式改革［J］. 炼油设计，30（8）：1–3.

侯玉堂，1985. 柴油机发明人鲁道夫・狄塞尔［J］. 内燃机（1）：14–18.

环境友好的复合离子液体催化碳四烷基化新技术（CILA）取得重大突破［EB/OL］.（2015–01–05）［2024–09–02］.https://www.gov.cn/xinwen/2015–01/05/content_2800413.htm.

李赟 . 玉门油田——中国石油工业的摇篮［EB/OL］.（2022–12–21）［2024–09–02］.https://www.dswxyjy.org.cn/n1/2022/1221/c244516–32591141.html.

李大东访谈 | 炼油化工科研四十年回顾与展望［EB/OL］.（2018–10–26）［2024–09–02］. https://www.sohu.com/a/271371967_653376.

李德生，龚剑明，2018. 延长油矿勘探历史及对当代石油工业的启示［J］. 中国石油勘探，23（3）：1–10.

李宇龙，刘维康，郭彦，等，2014. 分子炼油技术展望［J］. 广东化工，41（6）：89，111.

李月清，2007. 从乡村娃娃到院士——记中国工程院院士徐承恩［J］. 中国石化（3）：17–21.

刘积舜，2019. 学高德馨育人烛火丹心为国——追怀人造石油学科创始人、中国科学院院士、中国石油大学（华东）教授朱亚杰［J］. 山东教育（高教）（10）：39–41.

刘积舜，2013. 武迟：为祖国石油化工事业鞠躬尽瘁［N］. 中国石油大学报，2013–11–23（3）.

刘金红，1998. 旋风分离器的发展与理论研究现状［J］. 化工装备技术（5）：51–52.

陆金铭，2014. 船舶动力装置原理与设计［M］. 北京：国防工业出版社 .

路剑 . 中国炼油第一人——金开英 [EB/OL] . (2006–05–10) [2024–09–02] . https://news.sina.com.cn/c/2006–05–10/15529822416.shtml.

庞培法，荀玉森，1999. 抗日战争时期党领导下的石油工业 [J] . 石油大学学报（社会科学版）(4)：21–23.

钱伟长，2011. 20 世纪中国知名科学家学术成就概览：化学卷 [M] . 北京：科学出版社 .

曲法纯，1986. 内燃机史话 [J] . 内燃机 (2)：40–41.

屈春海，2005. 清末延长油矿创办述略 [J] . 历史档案 (2)：92–95,131.

润滑油信息网 . 独领风骚：打造一流研发基地——来自润滑油公司大连研发中心的调查 [EB/OL] . (2016–03–21) [2024–09–02] . https://www.sinolub.com/104088.html.

石冈，范煜，鲍晓军，等，2013. 催化裂化汽油加氢改质 GARDES 技术的开发及工业试验 [J] . 石油炼制与化工，44 (9)：66–72.

石磊 . 侯祥麟：石油领域的战略科学家 [N] . 学习时报，2022–04–20 (6) .

时铭显，1990. 催化裂化 PV 型高效旋风分离器的研究与开发 [J] . 石油化工设备技术 (2)：55–57.

孙越崎 . 记甘肃玉门油矿的创建和解放 [EB/OL] . [2024–09–02] .https://www.sxlib.org.cn/dfzy/wszl/sxswszlsxg/jjl_5179/gky_5182/201701/t20170122_607974.html.

孙助权，徐国臣，于海龙，等，1996. 30 年来大庆加氢裂化装置的发展——纪念我国第一套加氢裂化联合装置建成投产 30 周年 [J] . 炼油设计 (4)：12–16.

万恒浩，1998. 自动、半自动 CO_2 焊在石油化工施工企业的开发与应用 [J] . 化工施工技术，4：39–40.

王新，叶岗，许昀 . "老当益壮" 的催化裂化工艺：石科院 MIP 技术历经二十载依旧活力澎湃 [EB/OL] . (2023–10–31) [2024–09–02] . http://ripp.sinopec.com/ripp/news/com_news/20231031/news_20231031_531201422322.shtml.

王才良，2005. 世界石油工业 140 年 [M] . 北京：石油工业出版社 .

王才良，周珊，2006. 石油风云故事 [M] . 北京：石油工业出版社 .

王才良，周珊，2008. 世界石油大事记 [M] . 北京：石油工业出版社 .

王桂根，姜晓花，董晨，等，2023. 填补炼油技术国产化 "最后一块拼图" ——节能高效新型连续重整成套技术研发纪实 [N] . 中国石化报，2023–09–13 (1) .

王建方，王庆，2018. 航空母舰 [M] . 上海：上海科学技术出版社 .

吴菁，2022. "两弹" 背后的功臣——记北京石油学院主持创办人曹本熹 [J] . 国企管理 (18)：75–76.

吴铭 . 长城润滑油：中国航天的同路人 [EB/OL] . (2018–10–13) [2024–09–02] . http://www.cb.com.cn/index/show/gs/cv/cv12527448138/p/license/10001.html.

吴青，2020. 油气资源分子工程与分子管理的核心技术与主要应用进展［J］. 中国科学：化学，50（2）：173-182.

吴德俊，黄日江，1993. 引进第一套加氢裂化装置安全运转 10 周年［J］. 炼油设计，23（3）：10-15.

邢颖春，冯霄，2003. 应用先进适用技术推动常减压蒸馏技术的进步［J］. 炼油技术与工程，33（4）：1-6.

徐徐，洪晨曦，2024. 愿得此身长报国——纪念陈俊武院士［J］. 中国石化（6）：79-84.

徐春明，张霖宙，史权，2019. 石油炼化分子管理基础［M］. 北京：科学出版社 .

徐如人，庞文琴，霍启升，等，2015. 分子筛与多孔材料化学［M］. 2 版 . 北京：科学出版社 .

徐小怪，2015. 微记录［J］. 档案春秋，2：9.

薛斌，2023. 从“沸腾的石头”到有序介孔材料［J］. 世界科学（4）：24-27.

央视网 .《红色财经·信物百年》：抗美援朝战场上的润滑油［EB/OL］.（2021-10-27）［2024-09-02］.https://tv.cctv.com/2021/10/27/VIDEs3XwsjBonaCgN72kDtM4211027.shtml.

扬子晚报 . 能起降战斗机的高速公路铺的“超级沥青”主要由东南大学研制［EB/OL］.（2014-05-30）［2024-09-02］.https://news.seu.edu.cn/_t1892/2014/0530/c5485a53042/page.psp.

俞仁明，胡惠芳，2002. 我国第一套千万吨级常减压蒸馏装置的设计与运行［J］. 炼油设计，32（4）：1-5.

袁国祥，2012. 凯歌进新疆［M］. 新疆：新疆美术摄影出版社 .

张莹，2008. 闵恩泽：催化人生［J］. 党建（2）：58.

张立新，2002. 含硫原油加工基地建设的一些问题——镇海炼化改扩建工程设计的体会［J］. 炼油设计，32（5）：1-6.

张文欣，2018. 中国科学院院士传记：陈俊武传［M］. 北京：中国石化出版社 .

张玉春，2006. 百年暨南人物志［M］. 广州：暨南大学出版社 .

中国青年报 . 国际“赛马场”上的“皇冠”之争［EB/OL］.（2012-04-29）［2024-09-02］. https://news.ifeng.com/c/7fc1QfYPcLn.

中国石化股份有限公司抚顺石油化工研究院 . 加氢裂化工艺过程［EB/OL］.（2015-07-25）［2024-09-02］. https://www.doc88.com/p-5039587231944.html.

中国石油新闻网 . 辽河石化公司五十年发展历程纪实［EB/OL］.（2021-09-26）［2024-09-02］. https://news.cnpc.com.cn/system/2021/09/26/030045563.shtml.

中润润滑油网 .“船舶润滑油产品的开发和应用及国际 OEM 认证”项目［EB/OL］.（2014-05-13）［2024-09-02］. http://www.chinalubricant.com/news/show-80906.html.

中石化石油化工科学研究院［EB/OL］.（2021–10–25）［2024–09–02］. http://ripp.sinopec.com/ripp/dsfc/20211015/news_20211015_503886217227.shtml.

周红爱，2015. 中国工程院院士传记：闵恩泽传［M］. 北京：中国科学技术出版社.

《大国创新·石油化工》两会特刊专访中国工程院院士胡永康［EB/OL］.（2022–03–15）［2024–09–02］. https://mp.weixin.qq.com/s/upT6N7Uvf9w0Zc8CaOr_Jw.